交通气象服务丛书

高速公路交通气象服务技术及应用

主　编：曲晓黎
副主编：张　娣　张金满　张中杰　贾小卫

气象出版社
China Meteorological Press

内容简介

本书围绕京津冀区域高速公路安全通行对气象服务的需求，结合气象观测资料和交通管控、交通事故等资料，探讨了高速公路气象观测及高影响天气风险预报预警技术，详细阐述了高速公路高影响天气的分布特征及其对高速公路通行的影响、高速公路气象观测数据的质量控制和反演技术、高影响天气的风险区划及风险预报技术，以及低能见度、路面温度、大风等高影响天气或要素的精细化预报技术。

本书可作为从事交通气象服务业务人员的参考书。

图书在版编目（CIP）数据

高速公路交通气象服务技术及应用 / 曲晓黎主编 ; 张娣等副主编. -- 北京 : 气象出版社, 2022.8
ISBN 978-7-5029-7769-6

Ⅰ. ①高… Ⅱ. ①曲… ②张… Ⅲ. ①高速公路－气象服务－华北地区 Ⅳ. ①P451

中国版本图书馆CIP数据核字(2022)第136238号

高速公路交通气象服务技术及应用

Gaosu Gonglu Jiaotong Qixiang Fuwu Jishu ji Yingyong

出版发行：气象出版社
地　　址：北京市海淀区中关村南大街 46 号　**邮政编码**：100081
电　　话：010-68407112（总编室）　010-68408042（发行部）
网　　址：http://www.qxcbs.com　**E-mail**：qxcbs@cma.gov.cn
责任编辑：黄海燕　**终　　审**：吴晓鹏
责任校对：张硕杰　**责任技编**：赵相宁
封面设计：博雅锦
印　　刷：北京中石油彩色印刷有限责任公司
开　　本：787 mm×1092 mm　1/16　**印　　张**：9
字　　数：230 千字　**彩　　插**：4
版　　次：2022 年 8 月第 1 版　**印　　次**：2022 年 8 月第 1 次印刷
定　　价：58.00 元

编委会

主　　编：曲晓黎

副主编：张　娣　张金满　张中杰　贾小卫

委　　员：王　洁　尤　琦　张杏敏　吴　丹

李美琪　赵春雷　郭　蕊　李　崴

前　言

气象条件对公路交通运输效率和运输安全有着重要影响。河北省因其特殊的地理位置，环绕京津、贯穿南北，路网密集，车流量大，至 2021 年年底，全省高速公路通车里程已突破 8000 km。河北省东部及中南部平原地区属于雾灾高风险区，西部北部山区属于路面结冰高风险区，高速公路通行安全及运营管理对气象条件尤为敏感。

随着京津冀协同发展、雄安新区建设等国家重大战略的加快推进，以及构建安全、便捷、高效、绿色、经济的现代化综合交通运输体系，全面建设新时代经济强省、美丽河北等目标的需要，“智慧高速”“准全天候通行”等理念的提出，交通运输对气象服务提出更高和精细化、智慧化的需求，气象服务必须全方位融入交通运输各个环节。

2014 年以来，河北作为中国气象局交通气象预报试点省份之一，在中国气象局应急减灾与公共服务司的指导下，与江苏、安徽、湖北等省份共同推进高速公路气象服务业务。几年来，河北在高速公路气象观测站网建设、基于位置和影响的预报预警服务等方面取得了长足进步，气象部门也与省内交通、公安交管部门建立了密切的合作关系和应急联动机制。

围绕京津冀高速公路气象服务需求，将高速公路气象观测数据应用及质量控制技术、卫星遥感资料应用技术，基于自然灾害风险理念的交通气象灾害风险普查、风险区划、典型个例风险评估以及高影响天气风险等级预报技术，基于高速公路路段的高影响气象要素精细化预报技术等方面的研究成果结合起来，是本书的一个特色。

本书共 8 章，第 1 章“交通气象概况”由张金满、张中杰编写；第 2 章“气象条件对高速公路通行影响”由张金满、曲晓黎、王洁编写；第 3 章“高速公路高影响天气分布特征”由张娣、曲晓黎、尤琦、吴丹编写；第 4 章“高速公路交通气象观测技术”由张娣、曲晓黎、赵春雷、郭蕊编写；第 5 章“高速公路雾预报方法”由贾小卫、李美琪、尤琦、张娣编写；第 6 章“高速公路路面温度预报方法”由曲晓黎、尤琦编写；第 7 章“基于 WT 模型的山区路段风订正方法”由曲晓黎、张杏敏、尤琦、张中杰编写；第 8 章“基于影响和风险的高速公路气象预报预警技术”由曲晓黎、张中杰、张娣、张金满、王洁、郭蕊、李崴编写。

本书在编写过程中，得到了多位专家、学者以及领导、同事的帮助与指导，在此向他们表示衷心的感谢！感谢气象出版社张斌和黄海燕编辑的大力支持与帮助！另外，本书的出版得到了河北省重点研发计划项目“高速公路复杂路面高分辨率恶劣天气精准预警技术研究”的资助。

由于编者水平有限，书中难免有错误和不足之处，希望读者批评指正，以便今后改进提高。

曲晓黎

2022 年 5 月 16 日

目　录

第1章　交通气象概况

1.1　河北交通路网基本情况

河北，简称“冀”，内环京津、外沿渤海，处于欧亚大陆桥的东端，是华东、华南和西南等区域连接“三北”地区的枢纽，是全国放射状公路、铁路网布局的关键节点，现代化综合立体交通网络完善，“南北贯通、东出西联”的大交通格局基本形成。

“十三五”期间，河北省公路交通快速发展，覆盖连通水平持续提升。在服务京津冀协同发展、高标准高质量建设雄安新区、筹办北京冬奥会冬残奥会“三件大事”及助力打赢“三大攻坚战”方面成效显著，有力保障了全面建成小康社会目标的实现。五年间，河北省公路新增通车里程2.0万km，其中高速公路新增通车里程1476 km。至“十三五”末，全省公路里程达到20.5万km，密度达到109.2 km/100 km^2。高速公路里程超过7800 km，居全国第4位，密度达到4.2 km/100 km^2，高速公路县级节点覆盖率100%。普通干线公路达到2.0万km，覆盖全省85%的乡镇，二级及以上公路比例达到90.5%。农村公路达到17.7万km(含专用公路)，等级公路比例达到99%，乡镇通三级及以上公路比例达到94%，自然村通硬化路比例达到93%，通达通畅水平进一步提升。

京津冀交通一体化率先发展取得重大突破，密涿、京秦高速接线段等建成运营，与京津规划对接路12条(其中高速公路6条)全部打通，新增接口15个(其中高速接口9个)，首都环线高速(替代路线)实现贯通，交通一体化格局基本成型。雄安新区对外骨干路网建设取得实质性进展，津石高速和国道G230京冀接线段建成通车，京雄、荣乌新线、京德高速一期工程和容易线、安大线两条建材运输通道主体建成。冬奥会交通保障项目全面建成，延崇高速主线和赛区普通公路全部建成通车。建成燕山—太行山、黑龙港流域高速公路扶贫大通道逾1000 km，新改建普通干线公路1550 km、农村公路2.2万km，完成全部深度贫困村联户路建设，“外通内联、通村畅乡、客车到村、安全便捷”的公路网络基本形成。

2021年8月26日，河北省人民政府办公厅发布关于《河北省综合立体交通网规划纲要》的实施意见，明确提出构建全省“六纵六横一环”综合运输通道布局，将形成全省综合立体交通网的“四梁八柱”。

六纵：沿海通道、京沪通道、承唐津沧通道、京九通道、京港澳通道、沿太行山通道。

六横：秦承张通道、西北北部通道、津雄保忻通道、青银通道、邢临—邢汾通道、邯济—邯长通道。

一环：首都环线通道。

2021年12月，河北省交通运输厅发布的《河北省公路发展“十四五”规划》中明确指出，公路作为综合交通运输体系的基础，要充分发挥支撑和引领作用，更好地满足新发展阶段、贯彻新发展理念、构建新发展格局提出的新要求。构建新发展格局，坚持扩大内需战略基点，要求畅通区域间、城市间、城乡间互联互通网络，保障商品和要素高效流通；服务区域协调发展，支撑国家战略、国家大事深入实施，要求继续完善沿海、雄安新区、张北地区等重点区域公路网络，推动深度融入“一带一路”建设，促进京津冀协同发展向深度广度拓展；加快建设交通强国，构建现代化综合交通体系，要求推动公路交通质量效率变革，加强与其他运输方式协调发展，支撑打造现代化高质量综合立体交通网。规划明确的预期目标包括：到 2025 年，河北省公路总里程达到 22 万 km 左右，其中高速公路 9000 km 左右、普通干线公路 2.2 万 km、农村公路 18.9 万 km。高速公路网络更加完善，国家高速公路网全面建成，重要通道通行能力有效提升。普通干线公路二级及以上比例达到 92%。基本实现市县间一级及以上公路连接、相邻县城间二级及以上公路连接、乡镇通三级及以上公路，85% 的 2000 人以上行政村通双车道公路，20 户以上自然村基本通硬化路。

1.2 公路交通气象业务现状

公路作为综合交通运输体系的重要基础，是服务经济、服务社会、服务公众的重要载体，以其强大的通行能力、快捷的运行速度、灵活的运行方式等特性极大地提高和丰富了运输的能力和内容，在当今国民经济快速发展及人民对美好生活的追求中发挥着越来越重要的作用。近年来，气候变化导致的极端天气事件发生概率和风险程度持续增加，各类极端天气的出现又可能引发洪涝积水、山体滑坡等次生灾害，进而破坏交通基础设施；路面湿滑、低能见度等现象对交通通行和交通安全也会带来不利影响。它们都会导致公路基础设施修理维护成本增多，大范围交通延误和拥堵以及交通事故发生概率增大。因此，为公路交通运输提供专业化、精细化、个性化的气象服务显得尤为重要。

河北省交通气象服务业务开展于 2007 年，主要是面向公路交通安全管理部门和运营管理部门以及社会公众提供高速公路沿线实况监测、高影响天气预报预警及重大活动和重要时间段的气象保障服务。经过 10 多年的发展，已初步建成河北省高速公路气象观测网，研发了京津冀一体化交通气象业务平台，建立了基于风险普查、风险区划、风险评估及高影响预报预警业务产品于一体的高速公路高影响天气风险预报预警技术体系。

1.2.1 交通气象观测站网建设概况

2007 年至今，通过路企自建、交通部门与气象部门联合投资建设等方式，陆续在省内宣大、京秦、沿海、廊涿、大广、石安、京沪、石黄、青银等主干高速公路沿线建成了 180 余套交通气象观测站，已建气象观测站的高速公路平均观测密度达 15 km，大雾高发区达 6～8 km，观测要素主要包括气温、相对湿度、风向、风速、降水量、能见度、路面温度、路面状况、天气现象等。

1.2.2 基于影响和风险的公路交通预报预警技术体系

2014—2016 年，河北省连续 3 年作为全国公路交通预报试点省份，进一步完善了交通气象业务流程和规范制度；针对雾、雨雪、路面结冰等交通高影响天气，基于天气学方法、统计学方法，结合不同天气条件下的行车观测试验，研究了高速公路高影响气象要素精细化预报订正方法，建立了低能见度、道路结冰、强降雨等高影响天气的监测预报预警指标和模型；开展了高速公路气象灾害风险普查，基于公路交通气象灾害风险普查结果，针对大雾、路面结冰、强降雨

3种高影响天气开展了风险区划、典型个例分析评估，并综合气象、交通因素，确定相关因子及阈值指标，建立了风险等级预报模型，制定了雾灾、路面结冰灾害、强降雨灾害风险等级预报的划分标准；基于中国气象局下发的以及河北本省智能网格气象实况和预报产品，形成了覆盖京津冀、1 h时间间隔、3 km空间分辨率的行车气象指数等级预报、高速公路路面温度预报、爆胎气象指数预报等交通气象专项服务产品，雾灾风险等级预报、路面结冰风险等级预报、强降雨风险等级预报等高影响天气风险产品，以及叠加地面交通气象观测站和国家气象站的能见度监测数据的华北区域逐10 min能见度遥感反演监测等交通气象监测服务产品。初步形成了基于影响和风险的公路交通预报预警技术体系。

1.2.3　交通气象平台建设

为有效支撑交通气象服务精细化、个性化、定制式发展需求，河北省气象局紧抓"互联网＋"时代技术发展形势，向河北省发展和改革委员会申请并获批2016年度"河北气象信息云平台建设"项目，向中国气象局申请并获批2017年度"京津冀交通一体化安全保畅气象服务（一期）"项目，通过项目建设，采用B/S架构、Spring＋Springmvc＋Mybatis＋Shiro和Bootstrap＋Easyui框架，以及Mysql数据库和WEBGIS等技术，研发形成河北省交通气象系列业务系统。该系统包括交通气象Hadoop大数据平台，主要用于对交通气象观测数据的质量控制、基于监测指标的监控报警、基于各种产品指标和模型算法的产品实时运算；交通气象业务制作平台，主要用于实况产品的展示、报警、统计分析，预报预警产品的显示、订正和制作发布，预报准确率和效果检验评估；微信公众号、手机APP、网站等展示页面和产品接口等，实现了面向中国天气网、河北高速等部门网站及APP的交通气象产品接入。

1.2.4　深化滚动式、互动式、融入式交通气象服务

河北省气象、交通、公安三部门联合建设VPN专线，实现了气象监测数据、道路管制信息和高速实景监控图像的共享和三方视频会商，同时也实现了部分高速巡警警车车载移动视频信息的共享。2016年，省气象局和省高速交警总队面向高速公路执勤民警联合开发了"冀云天气"微信公众号，执勤民警在高速公路现场可实时获取全省高速公路气象监测、预报和预警信息，同时还能够通过客户端与气象服务人员实时互动，并随时以视频、图片、音频、文字信息的形式上传雨、雪、雾等天气，尤其是局地性、突发性高影响天气信息。有效提升了气象部门对局地灾害性、突发性天气的监测能力，也为道路交通运营和管制提供了强有力的决策依据。

针对大雾、路面结冰等高影响天气，通过网站、微信群等手段为河北省高速运营部门、省高速交警总队提供24 h滚动式、互动式、融入式的交通气象预报预警服务，日均制作发布交通气象简报2期，年均制作发布专题服务材料110余期。交通预报服务人员与河北省高速交警总队指挥中心、高速路面执勤民警实时互动，分析研判恶劣天气演变趋势及其可能产生的影响。在2016年"7·19"特大暴雨和多次持续性大雾天气过程中，更是将监测预警产品加密至分钟级，受到省高速交警总队的高度赞扬。2018年，与人保公司客户服务部建立合作关系，将高速公路沿线灾害性天气监测及预警信息、道路管制及风险预报、服务区精细化预报等产品融入保险公司微信公众号，为50万车险用户出行提供参考。2022年北京冬奥会和冬残奥会期间，为省内交通部门和张家口城市运行中心每日制作发布赛区周边公路交通气象服务产品，保障赛会期间公路交通安全有序运行。

1.2.5 交通气象服务专业化队伍建设

2017年，河北省气象局成立“交通气象服务技术研发及应用”创新团队，挂牌成立河北省交通气象职工创新工作室，旨在进一步提升交通气象服务的科技内涵，保障河北经济社会高质量发展。几年来，团队荣获全国总工会“全国五一巾帼标兵岗”和河北省“工人先锋号”。团队成员入选中国气象局高层次人才1人，入选河北省“三三三”人才工程第三层次人选5人，入选河北省气象局高层次人才6人。团队成员在交通气象服务需求分析、服务方案策划、技术产品研发、系统开发及运行维护、技术成果拓展等方面分工明确，逐步形成交通气象人才梯队。

2021年3月25日，北京市气象局、天津市气象局、河北省气象局联合发文，在河北省气象服务中心(河北省气象影视中心)挂牌成立京津冀交通气象中心，并制定了《京津冀交通气象中心建设方案》《京津冀交通气象中心运行方案》。京津冀交通气象中心主要职责是：牵头拟订京津冀交通气象服务专项发展规划、高速公路气象观测网建设规划、交通气象服务业务规范及相关标准；负责交通气象服务业务日常运行，完善京津冀交通气象服务综合业务系统，为京津气象服务部门提供京津冀高速公路交通气象服务指导产品；牵头京津冀交通气象灾害评估及效益评估；加强与国家级业务单位、省级观测预报业务单位联动，发挥团队作用，开展观测站网布局需求分析、仪器运行情况反馈以及重点业务和服务技术攻关。

第 2 章　气象条件对高速公路通行影响

2.1　高速公路气象条件引发道路交通管制特征分析

利用河北省交管部门提供的高速公路交通事故警情数据(包括事故发生时间,事故发生时所在高速、前行方向、所在桩号位置,事故详细描述等)和来自于河北省气象部门的交通事故发生地邻近国家气象站或经质控后的交通气象观测站的观测资料分析发现,2010 年 4 月—2013 年 3 月,河北全省高速公路通行受阻(即采取封闭管制措施)共 17941 次,其中因气象因素造成的通行受阻为 6866 次,高达 38.3%。在因气象因素造成的通行受阻样本中,以大雾造成的次数最多,为 5506 次,同时大雾造成的通行受阻时间也最长。其次是冰雪 1342 次,降雨造成的通行受阻 3 年中共 17 次,因大风造成的通行受阻有 1 次。由此可见,大雾和冰雪是对河北省高速公路通行影响最严重的两种灾害性天气。

2.1.1　空间分布

利用 2010 年 4 月—2013 年 3 月全省主要高速公路因大雾和冰雪两种灾害性天气造成的通行受阻样本,绘制各条高速公路因大雾、冰雪两种灾害性天气造成的年平均通行受阻日数分布图(图 2.1),进而分析大雾和冰雪造成通行受阻的空间分布特征。从图 2.1 可以看出,由雾造成的年平均通行受阻日数呈现东南部平原多、西部北部山区少的特征。东南部平原地区大多在 30 d 以上,大值中心出现在大广高速衡大段,多达 56 d,其次是大广高速京衡段和沿海高速秦皇岛至唐山段,分别达 44 d 和 43 d。地处北部的京藏高速、京新高速、长深高速承朝段以及地处西南部的京港澳高速邯长段基本在 5 d 以下。处于沧州沿海的沿海高速沧州段因雾造成的通行受阻日数年均为 20 d,较内陆平原地区稍少。由冰雪造成的年平均通行受阻日数的分布特征则为西部北部山区多、东南部平原少。西部北部山区基本在 10 d 以上,而平原地区在 5～8 d。

2.1.2　月际变化

气象条件造成的通行受阻具有明显的月际变化特征。由雾、冰雪、降雨、大风几种灾害性天气造成的通行受阻次数的逐月分布情况(表 2.1)可知,因大雾造成的通行受阻可发生于一年中的任何月份,但秋冬两季发生频次较春夏两季明显多,尤其是 10 月—次年 2 月,这 5 个月因大雾造成的通行受阻可占全年的 80.8%,其中 1 月是因大雾造成通行受阻最严重的时段,3 年中 1 月出现大雾造成的通行受阻共 1420 次。冰雪造成的高速公路通行受阻发生在每年的 11 月—次年 4 月,其中 11 月—次年 2 月为主要影响时段,占总样本的 92.8%,月均达到 311 次。降雨造成的通行受阻共 17 次,均出现在河北省主汛期,分别为 7 月 11 次,8 月 4 次,9 月 2 次。唯一的一次因大风造成的通行受阻出现在 3 月,属系统性大风所致。

从几种灾害性天气造成通行受阻的时间长度上看，大雾造成的通行受阻时长同样具有明显的月际变化特征(图 2.2)。分析可见，1 月高速公路通行受大雾影响最严重，单次大雾天气过程造成的通行受阻时间最长可达 57 小时 59 分 23 秒，然后依次是 12 月、10 月、11 月。4 月和 6 月稍好，单次大雾造成的最长封路时间在 9～10.5 h。单次大雾过程造成的平均封路时间也是春夏两季短、秋冬季节长，其中 1 月平均可长达 10.5 h。因此，对大雾的预报预警服务一年四季都不能放松，尤其是秋冬季节。

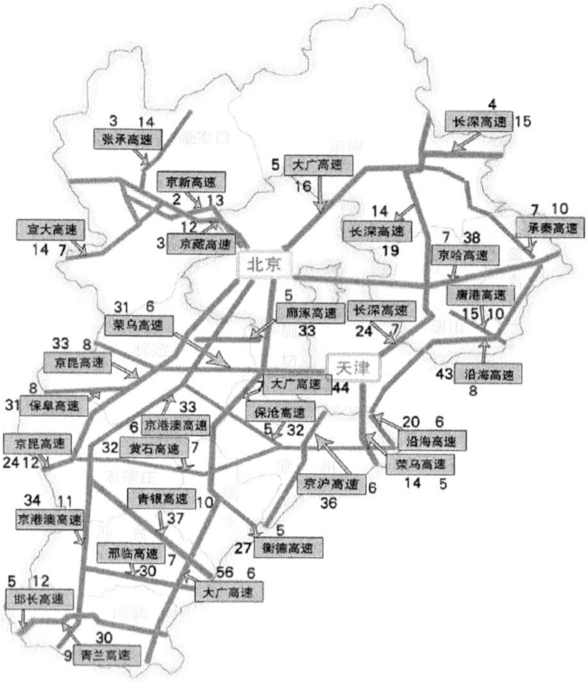

图 2.1　各高速公路因大雾和冰雪造成的年平均通行受阻日数分布(单位:d)
(附彩图，黑色数字代表大雾日数，蓝色数字代表冰雪日数)

表 2.1　气象因素造成通行受阻次数逐月分布　　单位:次

月份	雾造成的通行受阻次数	冰雪造成的通行受阻次数	降雨造成的通行受阻次数	大风造成的通行受阻次数
1 月	1420	227	0	0
2 月	638	295	0	0
3 月	162	90	0	1
4 月	42	6	0	0
5 月	83	0	0	0
6 月	53	0	0	0
7 月	36	0	11	0
8 月	272	0	4	0
9 月	410	0	2	0
10 月	833	0	0	0
11 月	772	180	0	0
12 月	785	544	0	0

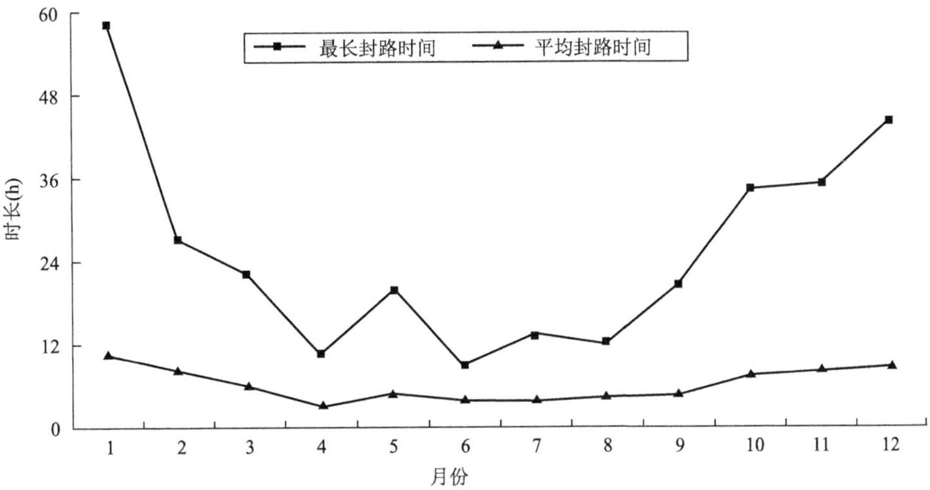

图 2.2　单次大雾造成通行受阻最长时长逐月分布

2.2　气象条件造成交通事故特征分析

高速公路作为高效、高速、便捷的交通方式给出行和运输提供了保障，同时极端天气频发造成的交通运输事故伤亡惨重、损失巨大，据统计，河北省高速公路有近 25%的交通事故是由不良气象条件直接或间接引发。作为影响道路通行的重要因素，暴雨、低能见度、道路结冰、积雪等灾害性天气已经成为威胁高速公路安全运营的最大非人为因素，因此，研究高速公路交通事故的特征及其与气象条件的关系意义重大。

本节以造成经济损失和人员伤亡严重的一般及以上等级交通事故(根据公安部颁布的《关于修订道路交通事故等级划分标准的通知》，依据伤亡程度、人数和财产损失等，高速管理部门将交通事故划分为轻微事故、一般事故、重大事故及特大事故四类)为研究对象，分析 2008—2017 年河北省高速公路雨、雪、雾 3 种天气条件下交通事故、伤亡人数及直接经济损失的时间特征。

2.2.1　交通事故特征分析

2.2.1.1　空间分布

高速公路交通事故资料采用交管部门 2015 年 12 月—2018 年 11 月的警情数据，包括事故发生时间，事故发生时所在高速、前行方向、所在桩号位置，以及事故详细描述等，共筛选出有效样本 39829 条，样本覆盖河北省内 28 条主要高速公路，以此分析河北省高速公路交通事故的分布特征。

河北省高速公路交通事故发生起数呈东部、中部平原区域多发的空间分布特征，一方面与路网密集程度和车流量有关；另一方面与恶劣天气的发生频次密不可分，如河北省东南部平原路段年均因雾管制的日数高达 56 d，而北部、西部山区及沿海在 20 d 以下。位于河北省东北部呈东西走向的京哈高速以及位于河北省中部同样呈东西走向的黄石高速交通事故发生起数明显高于其他高速公路，近 3 年这两条高速公路发生交通事故起数分别占样本总数的 17.8%和 10.6%。另外，在行政区划上石家庄和唐山高速公路交通事故发生起数明显高于其他地区，而邯郸、承德相对较少。值得关注的是，石家庄藁城区、唐山丰南区境内是近 3 年高速公路交通事故发生最多的区县，藁城区境内近 3 年发生高速公路交通事故起数均超过 700 起，其中

2016 年最多为 736 起，是高速交警管控的重点路段。究其原因，藁城和丰南路段都是雾灾极高风险(4 级)路段，而这两个路段年均大雾日数分别是全省所有高速路段平均值的 2.6 倍和 2.0 倍，年均浓雾日数分别较全省所有高速路段平均值高出 70%和 63%。

2.2.1.2 季节变化

分析 2015—2018 年河北高速公路冬半年和夏半年交通事故(图 2.3)可知，河北省夏半年发生高速公路交通事故明显高于冬半年，事故频数为冬半年的 1.4 倍。河北省夏半年高速公路交通事故呈增长趋势，而冬半年整体呈下降趋势。其中，夏半年发生高速公路交通事故最多月份为 8 月(4602 起)，事故点涉及 29 条高速公路途经的 103 个县区；最少月份为 6 月(2331 起)，事故点涉及 29 条高速公路途经的 99 个县区。冬半年发生事故最多月份为 10 月(4905 起)，事故点涉及 30 条高速公路的 102 个县区；最少月份为 12 月(1396 起)，事故点涉及 28 条高速公路的 95 个县区。分析河北省夏半年和冬半年发生的高速公路交通分析事故频数月分布与气象要素的相关性，发现夏半年高速公路交通事故和日平均气温、地面气压、能见度、日照时数的相关性不好，相关系数不能通过信度 0.05 的显著性检验，而与相对湿度和月累计降水量的相关系数分别为 0.81 和 0.82，超过信度 0.05 的显著性检验，图 2.3(a，b)给出了 2015—2018 年河北地区夏半年高速公路交通事故和相对湿度、月累计降水量 4—9 月的变化曲线，从图中可知，当相对湿度、月累计降水量增加时，会引起高速公路摩擦系数下降，导致高速公路交通事故量增加。冬半年，高速公路交通事故和能见度的相关系数为 0.90，超过信度 0.05 的显著性检验，与月累计降水量的相关系数为 0.96，超过信度 0.01 的显著性检验，图 2.3(c，d)给出了 2015—2018 年河北地区冬半年高速公路交通事故和能见度、月累计降水量 10 月—次年 3 月的变化曲线，发现冬半年出现降雨(雪)、雾/霾等天气过程时，高速公路交通事故显著增多。

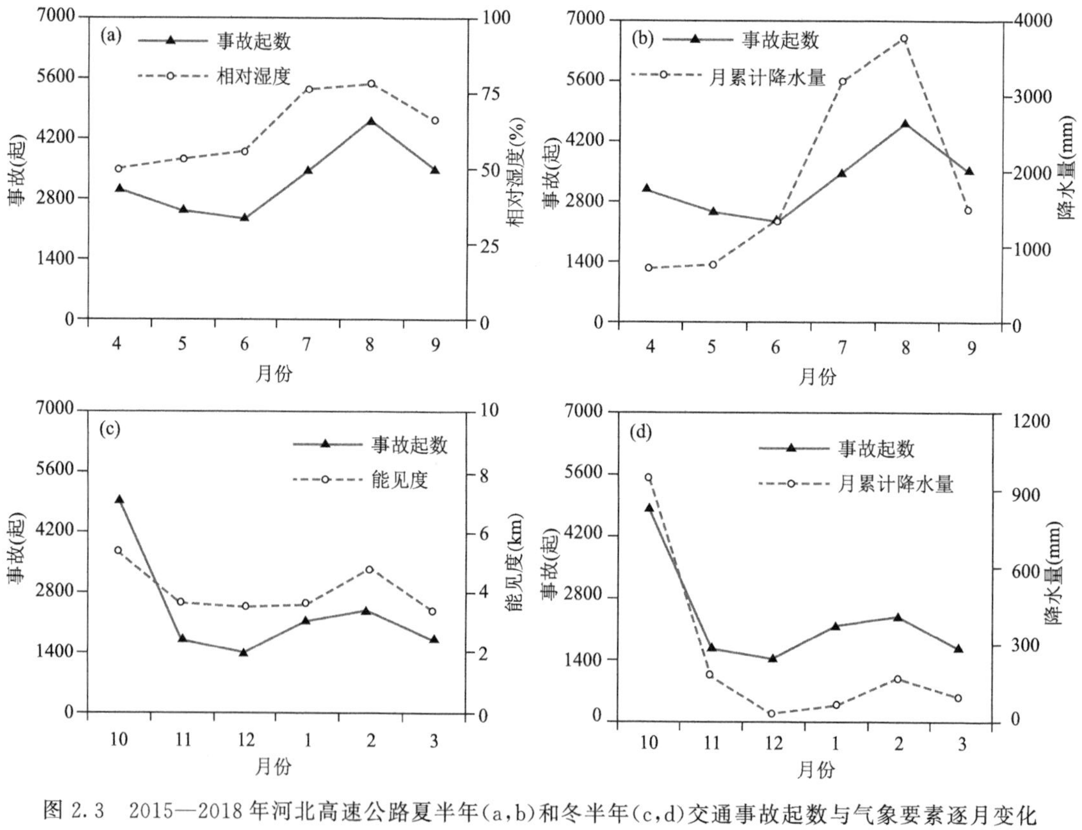

图 2.3 2015—2018 年河北高速公路夏半年(a，b)和冬半年(c，d)交通事故起数与气象要素逐月变化

2.2.1.3 月际变化

分析2015年12月—2018年11月河北省高速公路交通事故月际变化(图2.4)可以看出,其季节分布呈夏秋季节多、冬春季节少的特征,10月和8月最多,全省各高速公路交通事故月累计起数可达5000~6000起;然后依次是9月、7月和4月,全省月累计起数为3000~4000起;数量最少的在3月和12月,全省月累计起数在2000起以下。河北省高速公路交通事故风险夏季较冬季大的原因:一方面,夏季河北省高速公路车流量明显多于冬季(图2.5);另一方面,冬季冰雪影响路面时,交管部门均会采取封闭管制措施,待路面不影响通行时才会放行,冬季因雾造成的封闭管制次数明显高于夏季,如2015年冬季河北省高速公路因雾封闭次数是夏季的11.58倍。驾驶员在冬季驾驶车辆警惕性也较高。夏季的强降雨和路面高温对行车安全的威胁均很大,而这两种天气条件下交管部门很少采取封闭管制措施,尤其高温情况下驾驶员警惕性低且易疲劳,导致交通事故的风险更高。

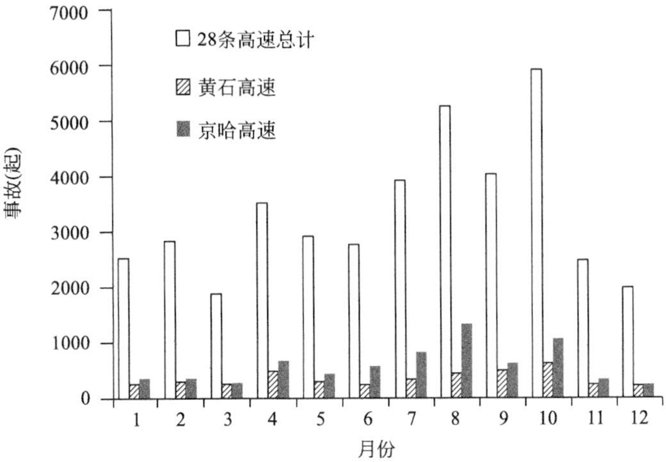

图2.4 2015年12月—2018年11月河北省高速公路交通事故月际变化

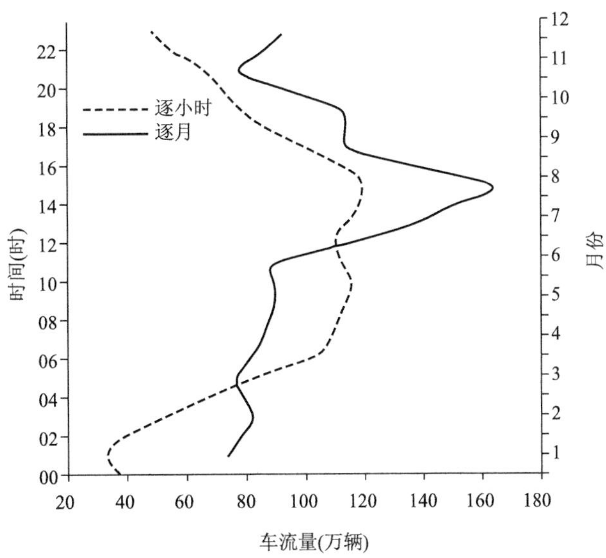

图2.5 2018年京哈高速公路唐山段某站口逐月及逐小时车流量变化

从2013—2017年河北省高速公路恶劣天气条件下发生一般事故及以上等级交通事故逐月分布来看(图2.6),雾天事故高发月份在9月—次年2月,占全年的78.7%,其中10月雾天河北省高速公路交通事故达到峰值,占21.3%,其次是12月,为14.8%,因为秋冬季节为河北省雾/霾高发时期,易引发交通事故;河北省高速公路雨天事故高发月份在5—10月,占全年的82.7%,进入汛期,河北强对流天气高发,降雨量大且集中、灾害性天气频发,道路湿滑对行车安全会产生影响,同时5月处于春夏过渡时期,降雨天气增多,较4月河北省高速公路交通事故明显增加;雪天事故多发于1—2月和12月,占事故总数的78.0%,发生最多的是1月,占雪天事故总数的36.6%。3月,雾天、雨天、雪天发生高速公路交通事故最少。

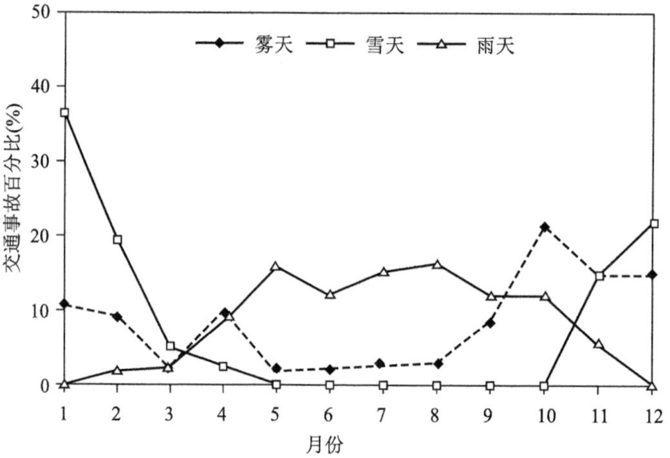

图2.6　2013—2017年河北省高速公路恶劣天气条件下发生交通事故比例逐月分布

2.2.1.4　逐日变化

分析2015—2018年河北省高速公路夏、冬半年交通事故日分布特征(图2.7)可以看出,事故具有明显的日变化,各时次均有发生,且白天多于夜间,夏、冬半年都呈"M"型分布。其中,夏半年小时事故起数大于冬半年,在20时后事故起数都逐渐下降,07时后事故起数又逐渐上升,夏半年交通事故两个峰值出现在10时和15时,分别为1719起和1615起;冬半年交通事故两个峰值也出现在10时和15时,分别为1321起和1392起。

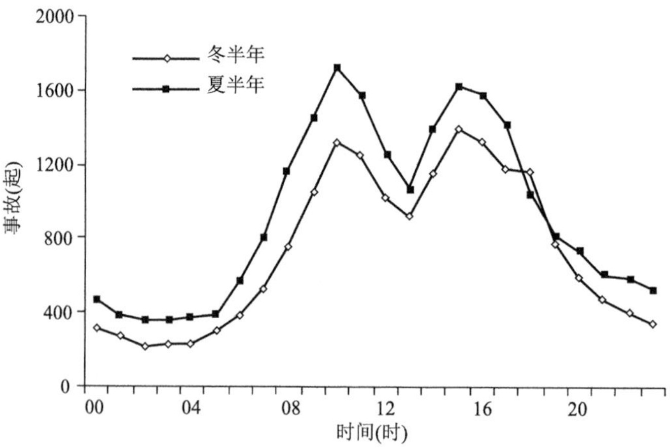

图2.7　2015—2018年河北省高速公路夏、冬半年交通事故日变化

进一步分析 2015—2018 年石家庄、唐山境内高速公路四个季节各交通事故起数日变化(图 2.8)可以看出,高速公路交通事故白天(08—20 时)明显多于晚上(20 时—次日 08 时),白天占样本总数的 77.3%,且在 06 时以后陡升,18 时以后陡降。逐日变化曲线呈现"双峰"型,一个高峰时段在 09—11 时,另一个高峰时段在 14—17 时。经统计,这两个时段全省各高速公路交通事故数量分别占样本总数的 21.0%和 27.8%。经交管部门反馈,近 5 年,针对河北省高速公路通行的夜间管控力度越来越大,加之长途货运车辆有所减少,导致夜间车流量尤其是大型货运车辆明显下降,因此夜间事故量也随之下降。09—11 时和 14—17 时两个双峰时段则符合司乘人员作息规律,与 2018 年京哈高速唐山段某站口逐小时车流量变化也十分相符。

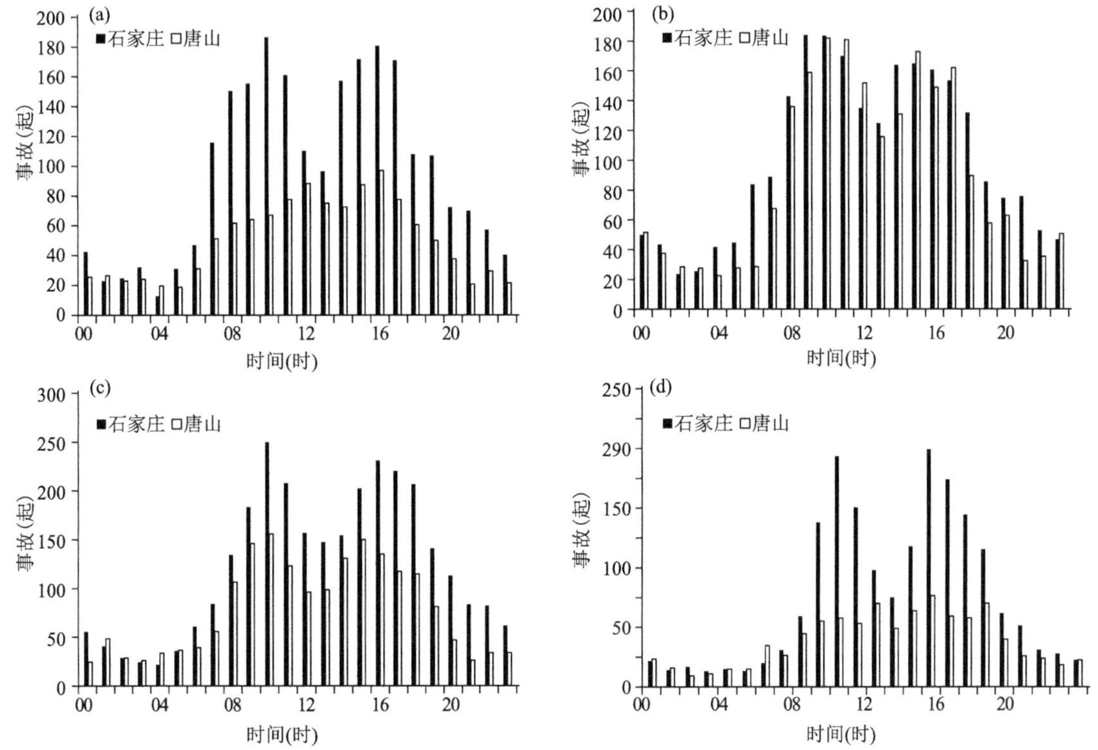

图 2.8 石家庄、唐山境内高速公路春季(a)、夏季(b)、秋季(c)和冬季(d)交通事故日变化

2.2.2 气象条件对交通事故的定性影响分析

分析 2008—2012 年河北省高速公路交通事故资料可知,由气象原因造成的交通事故占总交通事故的 25.7%,而雾、雨和雪是造成高速公路交通事故的主要气象灾害,占由气象原因造成交通事故的 60%(表 2.2)。分析上述灾害性天气与高速公路交通事故的关系可知,河北省雾天引起交通事故占比为 8.2%,雨天占 5.3%,雪天占 1.9%。

表 2.2 2008—2012 年不同天气下的交通事故百分比 单位:%

天气类型	事故次数	死亡人数	受伤人数	财产损失
雾	8.2	8.2	8.7	10.8
雨	5.3	5.4	6.2	5.6
雪	1.9	1.8	2.1	1.4
阴	10.3	10.4	10.3	9.8
晴	74.3	74.2	72.7	72.4

分析 2013—2017 年发生在河北省境内高速公路上的一般事故及以上等级交通事故资料可知，雨天、雾天、雪天造成的一般及以上等级交通事故总起数、死亡事故起数、死亡人数及造成的经济损失排序较为一致，为雾天＞雨天＞雪天。雾天交通事故占总交通事故的 46.22%，位居诱发交通事故不良天气条件第一位，雪天仅为 8.79%；因雾造成交通事故的经济损失占交通事故总损失的 50.09%，约为雪天交通事故经济损失的 8.1 倍；死亡事故和死亡人数位居首位的依然是雾天，分别为 49.68%和 53.39%；而伤人事故和受伤人数则表现为雨天＞雾天＞雪天，雨天分别占 49.41%和 44.40%，雪天相对雾天、雨天伤人事故及受伤人数较少，分别占比 10.59%和 11.49%（表 2.3）。

表 2.3　2013—2017 年不良天气条件下河北省高速公路交通事故及直接经济损失百分比　单位：%

天气类型	死亡事故	伤人事故	交通事故	死亡人数	受伤人数	直接财产损失
雨天	42.41	49.41	44.99	39.58	44.40	43.74
雾天	49.68	40.00	46.22	53.39	44.11	50.09
雪天	7.91	10.59	8.79	7.03	11.49	6.17

2.2.2.1　大雾对交通事故的影响

由 2008—2012 年不同天气下河北省高速公路交通事故百分比可知，雾天高速公路交通事故发生的频次最高。从图 2.9a 可看出，10 月—次年 3 月是河北省高速公路大雾交通事故多发月，占全年的 67.1%，同时也是河北省大雾交通气象服务关键期，其中 10 月最高，占 18.4%，11 月次之，占 13.0%。从图 2.9b 中可看到，每日各个时次均有高速公路交通事故发生，事故发生率呈现显著的日变化特征，每天 04 时后事故发生率逐时上升，08 时后明显下降。06—08 时占 61.0%，远远高于其他时次，是雾天河北省高速公路事故高发时段，这与河北省总的高速交通事故高发时段 24 时—次日 05 时不同，可能主要因为河北省大雾天气一般是后半夜出现，早晨加强，太阳出现后，随着气温的升高，大雾消散。交通事故高发时段与大雾的这一变化规律相一致。

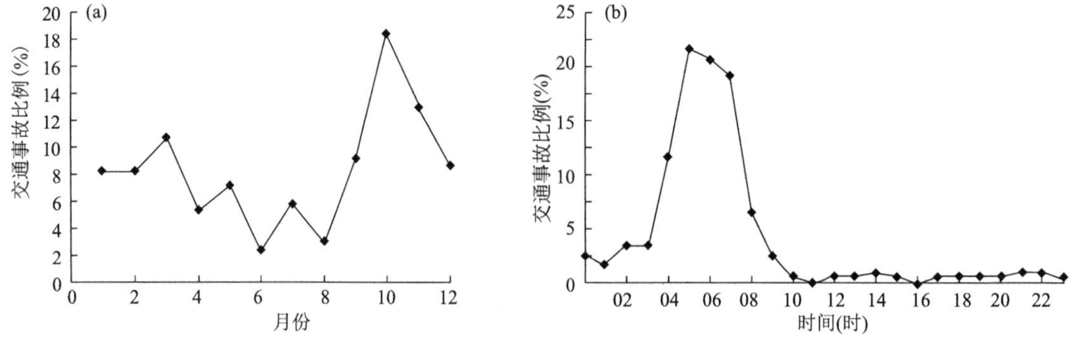

图 2.9　2008—2012 年雾天各月发生交通事故比例(a)及全天逐时次发生交通事故比例(b)

分析 2013—2017 年发生在河北省境内一般事故及以上等级交通事故资料（图 2.10）可知，随着河北交通气象服务水平提升及产品丰富，雾天高速公路交通事故起数及伤亡人数呈逐年下降趋势，不过直接财产损失百分比在 2015 年达到最低值，随后逐年上升，2017 年比 2015 年增长 62.4 万元，说明相比雨天和雪天，雾天发生的事故虽然呈下降趋势，但每起事故造成的

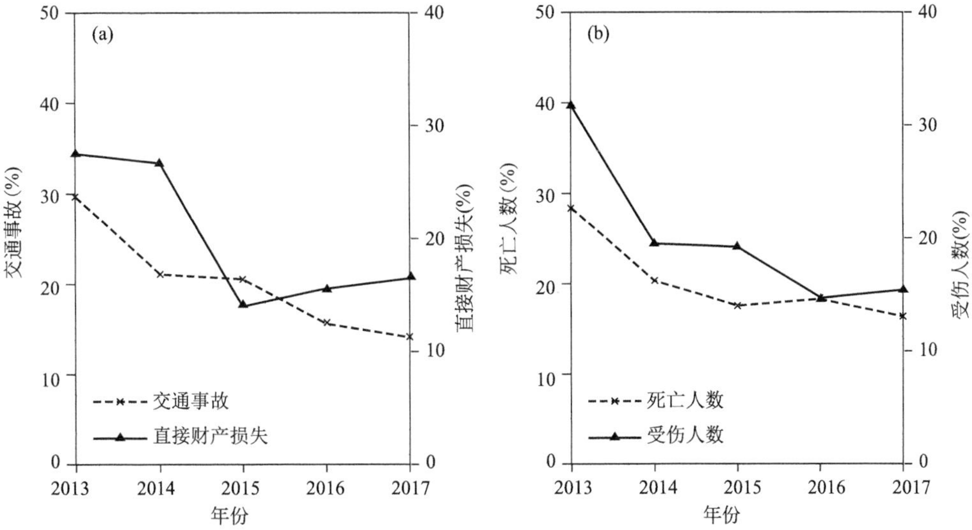

图 2.10　2013—2017 年雾天交通事故和直接财产损失(a)、死亡人数和受伤人数(b)百分比

直接经济损失呈上升趋势，同时根据河北省高速管理部门事故伤亡的记录数据，发现 2016 年起，雾天死亡人数超过雨天，成为 3 种不利天气条件下致人死亡的首位。

2.2.2.2　降雨对交通事故的影响

分析 2008—2012 年河北省高速公路雨天交通事故资料，发现一年四季降雨引起的交通事故百分比相差很大，春季(3—5 月)占全年总数的 27.8%，夏季(6—8 月)占 48.9%，秋季(9—11 月)占 18.9%，冬季(12 月—次年 2 月)占 4.6%。可见，夏季是降雨引发河北省高速公路交通事故最多的季节，冬季则最少。从年分布来看(图 2.11)，8 月是河北省雨天高速公路交通事故多发月，9 月、7 月、6 月和 5 月次之，占全年的 76.0%，因此 5—9 月也被称为河北省降雨交通气象服务关键期。这与河北气候特点有关：夏季降雨量偏多，占全省年降水总量的 65%～75%；冬季降水量偏少，仅占 2%左右，降水性质多以雪为主；秋季稍多于春季，分别占 15%和 10%。

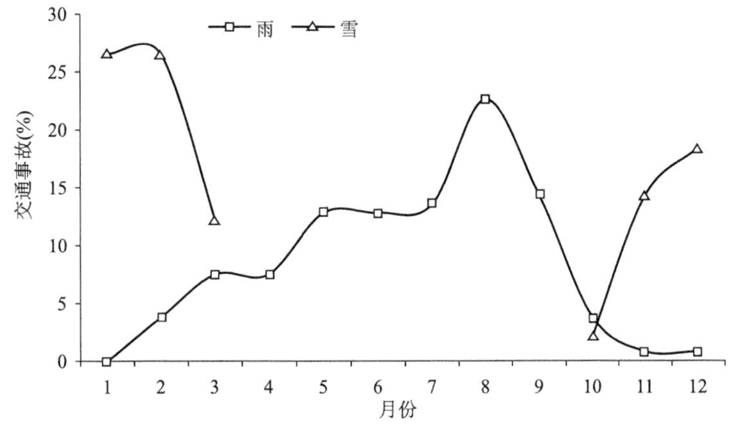

图 2.11　2008—2012 年雨、雪天各月发生交通事故百分比(4—9 月未发生因降雪导致的交通事故)

分析 2013—2017 年发生在河北省境内一般事故及以上等级高速公路交通事故资料(图 2.12)可知，雨天河北省高速公路交通事故起数、经济损失、死亡和受伤人数百分比呈“单峰型”分布，最大值均出现在 2016 年，随后大幅下降，2017 年雨天河北省高速公路交通事故造成的直接经济较 2016 年减少 124.7 万元。这与河北省 2016 年盛汛期出现“7·19”特大暴雨洪涝事件密切相关。2016 年汛期，河北省降水显著偏多，强对流天气频发，全省共出现暴雨 275 个站日，较常年偏多 54.8%，为 1997 年以来最多，降雨强度大且损失严重。2016 年 7 月 18—21 日河北全省平均降水量为 156 mm，高于“1996·8”的 122.4 mm，仅次于“1963·8”的 321.4 mm，其中石家庄市赞皇县的嶂石岩自动气象观测站最大达 817.8 mm，河北全省共有 2594 个站点出现大暴雨，影响范围达 11.5 万 km^2，范围超过“1963·8”暴雨，其中 20 日一天就有 119 个县(市)降雨量达到暴雨量级，为河北省有气象记录以来单日暴雨范围之最。

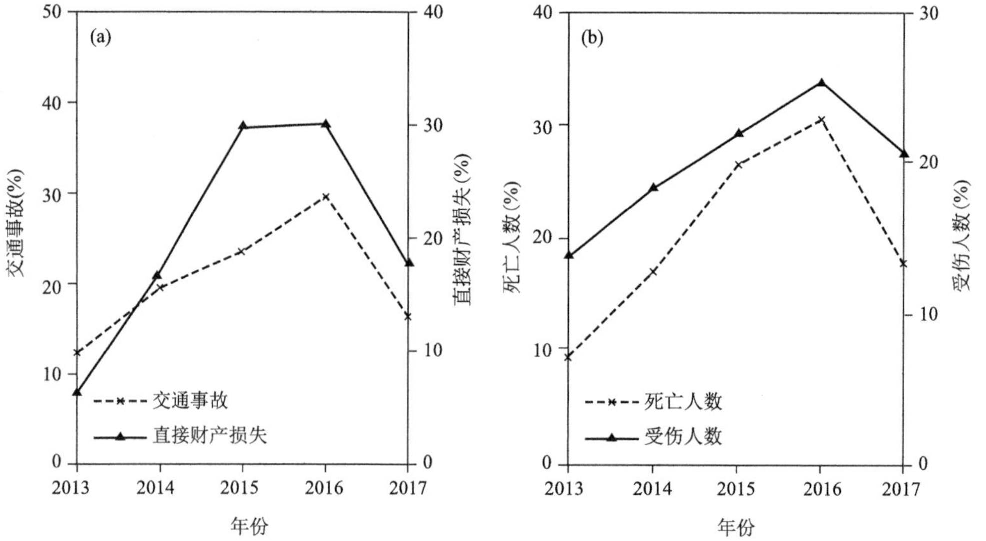

图 2.12 2013—2017 年雨天交通事故和直接财产损失(a)、死亡人数和受伤人数(b)百分比

2.2.2.3 降雪对交通事故的影响

雪对公路路况的破坏是气象条件中最明显的。在冬季降雪天气中，50%以上的高速公路交通事故直接或间接与其有关。河北省雪天高速公路交通事故主要集中在冬半年(10 月—次年 3 月)，春季 3 月占全年总数的 12.2%，秋季 10—11 月占 16.3%，冬季(12 月—次年 2 月)占 71.5%。所以，12 月—次年 2 月也是河北省降雪交通气象服务关键期。根据河北省气候特点，张家口、承德北部坝上地区 10 月会出现降雪，而河北省中南部平原地区一般进入 11 月后才会出现降雪，到次年 3 月气温升高，降雪结束。河北省高速公路交通事故高发时段与降雪时段是一致的。

分析 2013—2017 年发生在河北省境内雪天的一般事故及以上等级交通事故资料可知，雪天引发的高速公路交通事故起数、经济损失、死亡和受伤人数最大值均出现在 2015 年，2015 年雪天高速公路交通事故造成的直接经济损失是 2014 年的 2.8 倍，比 2016 年多 20.4 万元，为 2013—2017 年雪天高速公路交通事故经济损失最严重年(图 2.13)。这与 2015 年 11 月河北省降水量异常偏多有关，11 月出现多次雨雪天气过程，26 个县(市)日最大降雪量突破 11 月历史极值，同时受持续降雪和能见度影响，11 月全省日平均日照时数 1.8 h，较常年同期偏少 69%，河北省中北部大部及南部部分地区有 91 个县(市)逾 20 d 无日照。

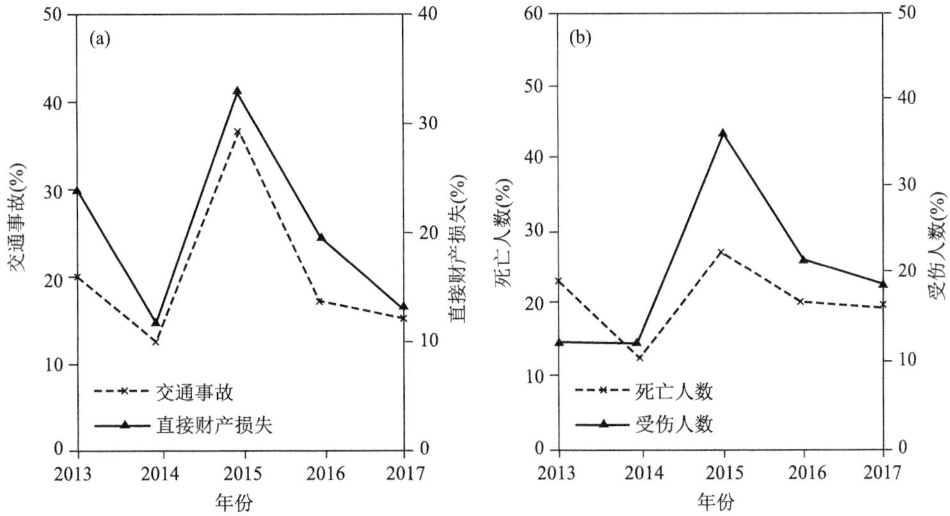

图 2.13　2013—2017 年雪天交通事故和直接财产损失(a)、死亡人数和受伤人数(b)百分比

2.2.3　基于序关系分析法的不良天气条件与河北省交通事故关系分析

2.2.3.1　资料及方法

选取 2013—2017 年发生在河北省境内高速公路上的一般事故及以上等级交通事故资料作为研究对象，包括事故类型、发生时间、事故地点所属公路段桩号、死亡人数、受伤人数、直接经济损失和事故原因等信息。气象数据采用 2013—2017 年省内气象站逐小时观测资料，包括降水量、气温、能见度、地温、天气现象等，数据来源于河北省气象信息中心。所用分析方法如下：

(1)序关系分析法确定权重

本节采取序关系分析法确定事故等级的权重系数，对各等级事故进行加权处理。定义若评价指标集 $\{x_1, x_2, \cdots, x_n\}$ 各指标之间相对于某评价准则具有关系式 $y_1 > y_2 > \cdots > y_n$ 时，这里 y_i 表示 $\{x_i\}$ 按序关系“ $>$ ”排定顺序后第 i 个评价指标 $(i=1,2,\cdots,n)$ ，则称评价指标 $x_1, x_2, \cdots, x_n$ 之间按“ $>$ ”确立序关系，称 $\{y_1, y_2, \cdots, y_n\}$ 为序关系指标集，各指标间满足关系式 $y_1 > y_2 > \cdots > y_n$ 。

设专家关于相邻的评价指标 y_{k-1} 与 y_k 之间重要性程度之比 ω_{k-1}/ω_k 的理性判断为

$$r_k = \omega_{k-1}/\omega_k \ (k=2,\cdots,n)$$

r_k 的赋值可参考表 2.4，序关系指标集 $\{y_1, y_2, \cdots, y_n\}$ 的 r_{k-1} 与 r_k 之间必须满足

$$r_{k-1} > \frac{1}{r_k} \ (k=3,4,\cdots,n) \quad \omega_n = 1+\sum_{k=2}^{n}\prod_{i=k}^{n} r_i^{-1}$$

式中，$\omega_{k-1} = r_k \omega_k$ ，$\sum_{k=1}^{n} \omega_k = 1(k-n,\cdots,3,2)$ 。

表 2.4　r_k 的赋值可参考表

r_k	说明
1.0	指标 y_{k-1} 与指标 y_k 具有同样的重要性
1.2	指标 y_{k-1} 比指标 y_k 稍微重要
1.4	指标 y_{k-1} 比指标 y_k 明显重要
1.6	指标 y_{k-1} 比指标 y_k 强烈重要
1.8	指标 y_{k-1} 比指标 y_k 极端重要

(2)基于权重的高速事故指数

根据上述公式求得河北省高速公路事故序关系指标集各指标的权重，然后再根据对应关系得到评价指标集各指标的权重，对不同等级交通事故进行加权处理(表 2.5)。

表 2.5　高速交通事故等级与权重系数

交通事故等级	日高速事故量	权重系数
轻微事故	Q_1	0.160
一般事故	Q_2	0.192
重大事故	Q_3	0.269
特大事故	Q_4	0.377

根据某日高速公路发生不同等级事故数量和该等级事故的权重，可得出某日高速交通事故指数 ITA 计算公式为

$$\mathrm{ITA}=0.160\times Q_1+0.192\times Q_2+0.269\times Q_3+0.377\times Q_4$$

式中，Q_1 为某日高速公路发生轻微事故量；Q_2 为发生一般事故量；Q_3 为发生重大事故量；Q_4 为发生特大事故量；ITA 代表事故灾害程度。

2.2.3.2　不良天气与高速公路事故关系分析

日均交通事故指数为某段时间内日事故指数 ITA 的平均值，可反映高速事故严重程度。本节利用 SPSS 22.0 分别对雾天、雨天、雪天与日均交通事故指数做非线性回归分析，构建河北省高速公路一般等级以上交通事故的日预报模型，为高速管理部门进行针对性气象服务提供一定参考意义。

(1)能见度与交通事故相关性分析

当能见度小于 0.05 km 时，交管部门会对高速公路采取封闭、限行等交通管制措施，一定程度上减少了交通事故的发生。故以能见度大于 0.05 km 时发生的交通事故为研究对象，将最低能见度分为(0.05，0.1]、(0.1，0.2]、(0.2，0.5]、(0.5，1]、(1，2]、(2，5] 6 个等级(图 2.14)。由交通事故发生点的同期能见度资料，分别计算出各等级能见度的日均交通事故指数，将不同等级能见度与日均交通事故指数进行拟合，结果表明，随着能见度的增大，日均交通事故指数大体呈下降趋势，不过能见度(1，2]等级的轻雾天日均交通事故指数却比(0.5，1]雾天高，比(0.2，0.5]大雾天日均交通事故指数略低，超过了 5a 来高速公路交通事故指数的平均值 0.451。其原因一方面是近年来河北加强对高速公路通行影响较大的 1 km 以下低能

见度天气预报预警服务，使交通事故指数有所降低。另一方面可能是轻雾天不易使司机提高警惕，出车率比雾天多且车辆行驶速度快，在能见度略差的情况下，易引发交通事故。

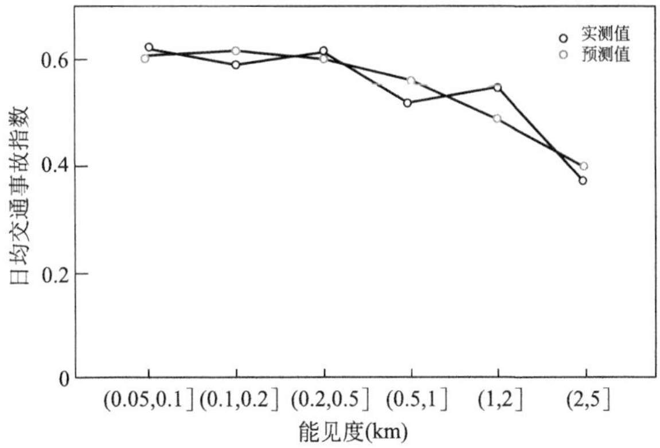

图 2.14　不同等级能见度与日均交通事故指数的拟合曲线

由于不同能见度对交通事故指数影响程度不同，可通过非线性回归分析法计算出不同等级能见度与日均交通事故指数之间的统计方程，即

$$y = -0.013x^2 + 0.047x + 0.571$$

式中，y 为日均交通事故指数；x 为不同等级能见度。方程的复相关系数 $R=0.919$。采用 F 检验来检验回归效果，服从自由度为 $(M, N-M-1)$ 的统计量

$$F = R^2(N-M-1)/M \cdot (1-R^2)$$

式中，F 为统计量；M 为自变量因子数；N 为样本个数。求得统计量 $F=21.81$，选定显著性水平为 0.01，对其进行检验，得到 $F_{0.01}=21.2$，$F>F_{0.01}$ 所以 $P<0.01$，说明不同等级能见度与日均交通事故指数之间非线性回归效果明显，模型成立的统计学意义显著。因此通过某日能见度等级预测出与之对应的日均交通事故指数，对今后进行高速公路雾天气象服务提供一定参考。

(2)降水量与交通事故相关性分析

选取交通事故发生点邻近国家气象站的日降雨量，按照雨量分级标准将雨量分为微量、小雨、中雨、大雨、暴雨、大暴雨、特大暴雨 7 个等级。用非线性回归分析法计算出两者之间的统计方程为 $y=0.034x^2-0.132x+0.467$，$R^2=0.918$，用 F 检验来检验回归效果，服从自由度 $(M, N-M-1)$ 的统计量 $F=R^2(N-M-1)/M \cdot (1-R^2)$，其中 $F=55.98$，$F_{0.01}=16.3$，$F>F_{0.01}$，所以 $P<0.01$，通过了信度 $\alpha=0.01$ 的显著性检验，从拟合的效果来看，两者非线性回归效果非常显著(图 2.15)。因此，可建立一般以上交通事故的日交通事故指数与雨量等级统计预报方程。

(3)降雪、冰冻、积雪与交通事故相关性分析

统计发现，2013—2017 年河北省高速公路因降雪、冰冻、积雪引起的特大交通事故占 21.0%，重大事故占 58.1%，日均事故指数在 0.192～0.838，虽然交通事故总量较雾天、雨天少，但事故等级高、影响恶劣、直接经济损失巨大，对高速公路的安全运行有非常重要的影响。从表 2.6 可知，事故日天气现象以雨夹雪和雪为主，且 82.6%的交通事故发生在降雪过程中。路面结冰与气象观测结冰均由温度和降水等条件决定，两者原理相似，因此利用天气现象中的结冰观测代表高速公路道路结冰，发现 87%的事故发生时刻路面出现结冰，69.6%的一般以

上交通事故发生时路面有积雪，且多发生在雪深小于 1 cm 时。究其原因，降雪过程中及降雪 3 h 内高速路段经碾压，路面摩擦系数减小，由于气温低易发生道路结冰，致使车轮打滑，同时当降雪发生时，水平能见度将迅速降低，雪后晴天的积雪引起的雪盲现象也会影响驾驶员的判断能力，从而导致了交通事故发生。

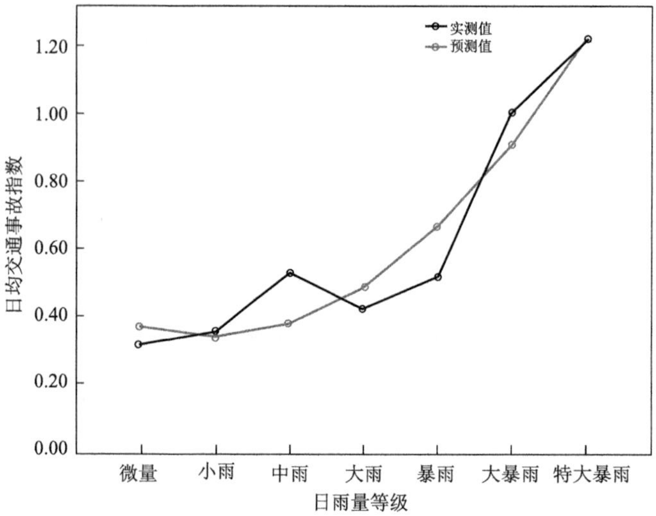

图 2.15　不同量级日降水量与日均交通事故指数拟合曲线

表 2.6　2013—2017 年降雪天气下河北省高速公路交通事故发生百分比　　单位：%

事故日天气现象		事故发生时路面情况				雪深(cm)			交通事故发生时间	
雨夹雪	雪	未结冰	结冰	无积雪	积雪	<1	=1	>1	降雪后 3 h 内	降雪过程中
13.0	87.0	13.0	87.0	30.4	69.6	82.6	4.3	13.1	17.4	82.6

2.2.4　河北省高速公路交通事故与气象条件定量关系研究

2.2.4.1　资料及方法

高速公路交通事故资料来自于交管部门 2015 年 12 月—2018 年 11 月的警情数据，包括事故发生时间，事故发生时所在高速、前行方向、所在桩号位置，事故详细描述等，共筛选出有效样本 39829 条，样本覆盖河北省内 28 条主要高速公路。气象资料选取交通事故发生地邻近国家气象站或经质控后的交通气象观测站的观测资料。

高速公路发生交通事故的数量相对于高速公路车流量及全省车辆保有量来说是小概率事件，因此利用泊松分布，基于曲线拟合，采用 R 语言及 EmpowerStats 统计分析软件实现高速公路交通事故发生相对危险度的计算以及交通事故发生起数对气象要素的响应分析。由于事故日起数及部分气象要素可能为非正态分布，在相关分析时，采用 Spearman 秩相关方法。利用曲线拟合分析各气象要素与交通事故发生起数的具体变化趋势并给出定量影响结果。

以高速公路交通事故日起数作为因变量，以相关气象要素为自变量，挖掘高速公路交通事故起数与气象因子的关联关系。两者的对数关系为

$$\ln[E(Y)]=\beta X+\alpha$$

式中，$E(Y)$为交通事故发生起数的期望值；X 为气象影响要素；β 为系数；α 为截距。

相对危险度(relative risk，RR)表示气象要素每发生单位变化，对应交通事故起数的相对改变量。因此，$RR=\exp(\beta\cdot\Delta X)$ 。当 RR＞1(β＞0)时，随着 X 每增加一个单位，Y 的发生风险也相对增加，增加率为(RR－1)×100%；当 RR＜1(β＜0)时，随着 X 每增加一个单位，Y 的发生风险相对减小，减小率为(1－RR)×100%。

2.2.4.2　高速公路交通事故与气象因子的定量关系

考虑到全省高速公路交通事故资料过于离散，因此选择交通事故样本数量最多的石家庄地区为代表，分析高速公路交通事故日发生起数与气象要素的关系。表 2.7 列出了 2015 年 12 月—2018 年 11 月石家庄地区高速公路交通事故样本分布。可以看出，石家庄地区事故日平均起数为 9.5 起，最高 81 起。

表 2.7　2015 年 12 月—2018 年 11 月石家庄地区高速公路交通事故样本分布　　单位：起

平均值	最小值	四分之一分位数	二分之一分位数	四分之三分位数	最大值
9.5	0	5	8	12	81

选取近 3 年石家庄地区逐日最低气温、最高气温、平均气温、日最低能见度(仅抽取日最低能见度小于 1000 m 的样本)、最小相对湿度、最大小时降水量等气象因子，用 Spearman 秩相关方法分别分析它们与高速公路交通事故发生起数的相关关系(表 2.8)。可以看出，日最低气温、日最高气温、日平均气温、日最大小时降水量、日最小相对湿度与事故日起数为显著的正相关关系，其中与日最低气温的相关系数最大，日最低能见度与事故日起数为显著的负相关关系。

表 2.8　2015 年 12 月—2018 年 11 月石家庄地区交通事故日起数与各气象要素的 Spearman 秩相关系数

	春季	夏季	秋季	冬季	全部
日最低气温	0.1703*	0.1559*	0.3469**	−0.0079	0.2531**
日最高气温	0.1050	−0.0357	0.3872**	0.0854	0.2259**
日平均气温	0.1188	0.0360	0.3809**	0.0188	0.2342**
日最大小时降水量	0.1176	0.1379	0.0615	0.0603	0.1414**
日最小相对湿度	0.1410	0.2458**	−0.1612*	−0.2058*	0.1041**
日最低能见度	−0.2801	−0.2541**	−0.2661*	−0.2776**	−0.2693**

* 和 ** 分别表示通过 0.05 和 0.01 的显著性检验，下同

图 2.16 为石家庄地区高速公路交通事故发生起数与各气象要素的响应曲线。从图中可以看出，石家庄地区高速公路交通事故发生起数对气温的响应存在明显的阈值效应，如日平均气温＜20 ℃时，随着气温上升，事故风险整体为增加趋势；日平均气温＞20 ℃时，随着气温上升，事故风险整体为下降趋势。石家庄地区高速公路交通事故高发月份为 8 月和 10 月，经统计，石家庄地区 8 月和 10 月 30 a(1981—2010 年)月平均气温的均值为 19.7 ℃，石家庄地区年平均气温呈上升趋势，平均增温率为 0.355 ℃/(10 a)(张梅，2014)，因此，石家庄地区日平均气温的平均值约为 19.9 ℃，这与高速公路交通事故对平均气温的响应阈值相符。日最低气

温和日最高气温的阈值分别为 15 ℃和 25 ℃，也与当地过去 30 a 8 月和 10 月日最低气温的平均值 14.7 ℃和日最高气温的平均值 25.1 ℃相符。日最小相对湿度超过 80%时，事故风险呈上升趋势，这是因为相对湿度超过 80%时，多与雾、强降雨等天气现象对应，由其造成的交通事故也随之增多。日最低能见度小于 1000 m 时，随着能见度升高，事故风险呈波动下降趋势。交通事故日起数随最大小时降水量整体呈波动上升趋势。

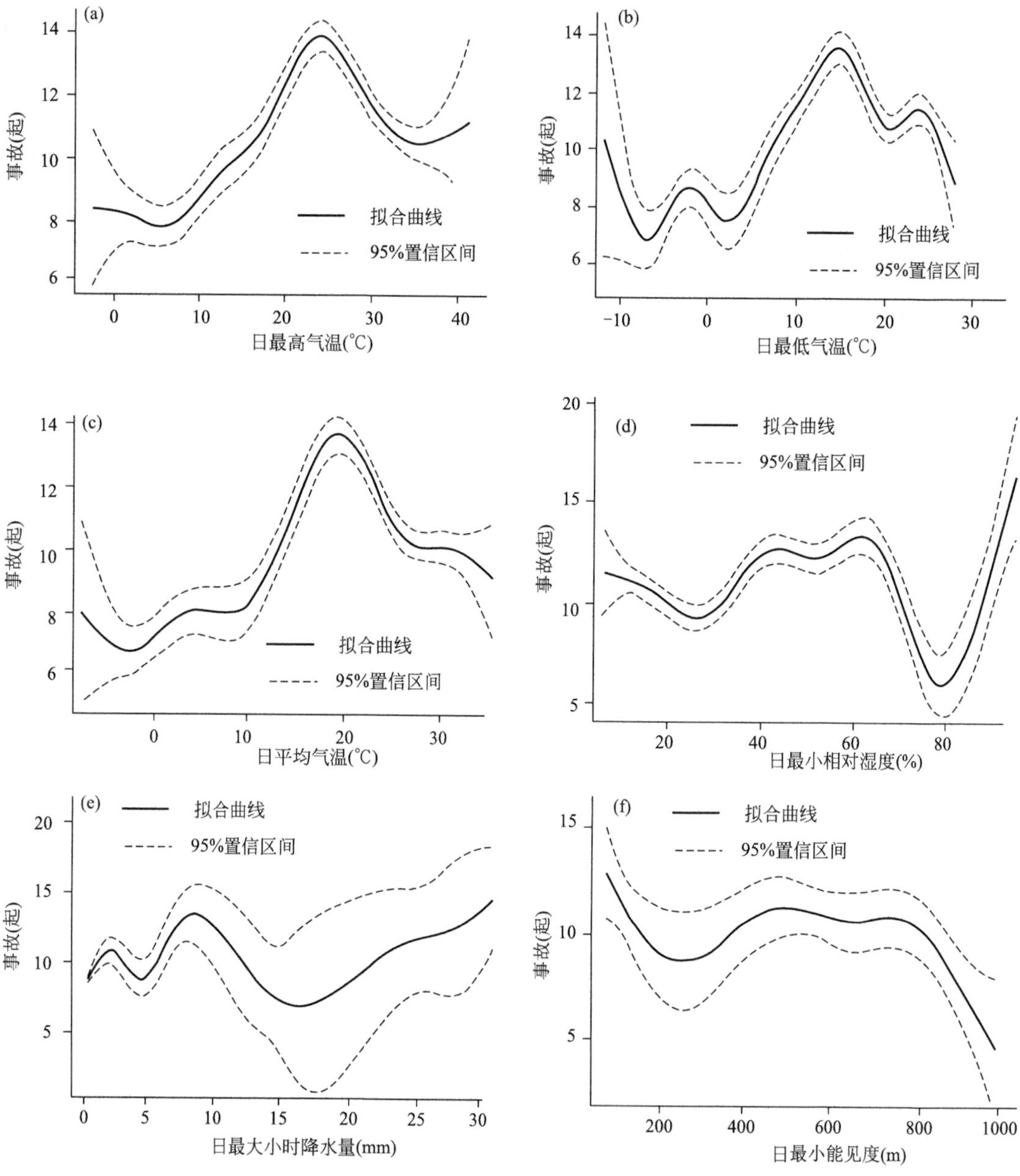

图 2.16 石家庄地区高速公路交通事故发生起数对各气象要素的响应曲线

（a. 日最高气温；b. 日最低气温；c. 日平均气温；d. 日最小相对湿度；e. 日最大小时降水量；f. 日最低能见度）

表 2.9 列出了石家庄地区各气象要素对高速公路交通事故发生的相对危险度。从表中可以看出，日最低气温、日最高气温、日平均气温低于阈值时，每上升 1 ℃，事故发生的相对危险

度分别增加 3.06%、3.05%、3.23%；高于阈值时，每上升 1 ℃，事故发生的相对危险度分别减少 2.56%、3.94%、3.75%。日最小相对湿度超过 80%时，每上升 1%，事故发生的相对危险度增加 3.77%。日最大小时降水量每增加 10 mm，事故发生危险度增加 18.8%。当日最低能见度小于 1000 m 时，最低能见度每增加 100 m，事故发生相对危险度为 0.9586，即能见度每增加 100 m，高速事故风险减小 4.14%，并通过显著性检验。

表 2.9　2015 年 12 月—2018 年 11 月石家庄地区各气象要素对高速公路交通事故发生的相对危险度

气象要素	取值范围	RR	95%置信区间
日最低气温	≥15 ℃	0.9744**	(0.9650,0.9839)
	<15 ℃	1.0306**	(1.0253,1.0358)
日最高气温	≥25 ℃	0.9606**	(0.9513,0.9700)
	<25 ℃	1.0305**	(1.0257,1.0353)
日平均气温	≥20 ℃	0.9625**	(0.9533,0.9718)
	<20 ℃	1.0323**	(1.0270,1.0375)
日最小相对湿度	≥80%	1.0377**	(1.0289,1.0717)
	<80%	0.9882**	(0.9848,0.9916)
日最大小时降水量	≥0 mm	1.0188**	(1.0111,1.0265)
日最低能见度	<1000 m	0.9586**	(0.9298,0.9883)

图 2.17 为 2015 年 12 月—2018 年 11 月石家庄地区不同气温区间对应的高速公路交通事故起数。从图中可以看出，石家庄地区高速公路交通事故发生时对应的气温存在峰值效应，之后交通事故随气温的升高而减少。

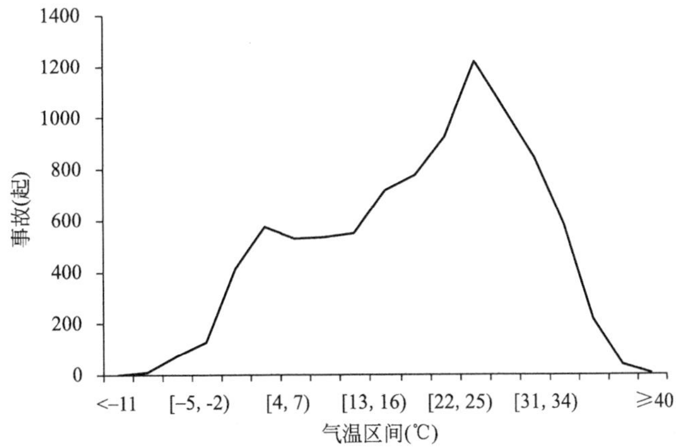

图 2.17　2015 年 12 月—2018 年 11 月石家庄地区不同气温区间对应的高速公路交通事故起数

第 3 章　高速公路高影响天气分布特征

3.1　京津冀交通高影响天气分布特征

数据资料来源于河北省气象信息中心提供的京津冀 172 个国家气象站 2011—2020 年气象观测数据，包括逐日最低气温、降水量、极大风速、瞬时风速、最小能见度等要素。

3.1.1　京津冀雾日时空分布特征

3.1.1.1　空间分布特征

京津冀是雾出现频率较高的重点区域。在排除雨、雪、扬沙、沙尘暴等影响能见度的其他天气现象后，一天中任一时次有雾发生，则记为一个雾日。

2011—2020 年京津冀累年大雾日数平均约 198 d，除张家口、承德外，唐山、北京以南的平原地区均为大雾高发区域，其中邯郸、邢台及石家庄南部、保定东部、衡水北部、沧州西北部雾日尤其多(图 3.1)。累年大雾日数的高值中心位于石家庄与邢台交界的中东部、石家庄至邯郸的中东部以及保定东部地区，最高可达 532 d。

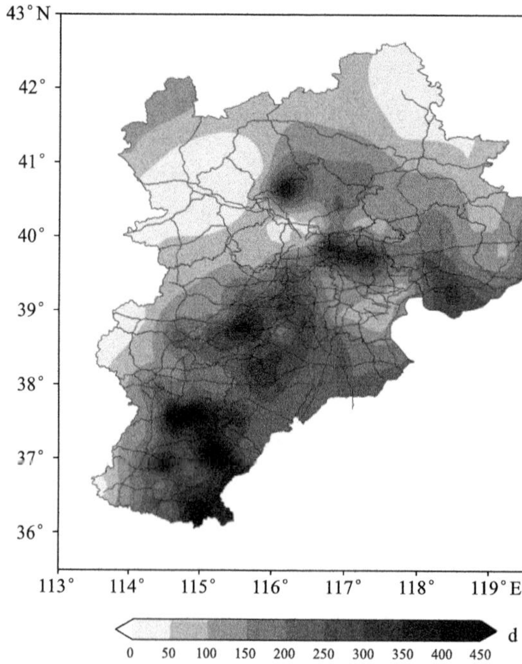

图 3.1　2011—2020 年京津冀累年雾日分布

将 2016—2019 年逐月雾日进行 EOF 经验正交分解，得到前三个模态方差贡献分别为 60.17%、24.15%和 4.97%。第一模态空间分布与多年平均雾日分布呈现较为一致的分布型，40°N 以南地区为负值，对应第一时间系数下降的变化趋势，可以得出河北南部地区逐月雾日呈现逐渐增多的变化特征；第二模态也存在一定的南北相异型分布特征，除此之外，保定东北部、石家庄中东部以及邯郸等地出现了负值中心，结合第二时间系数由负转正的变化趋势来看，上述地区在 2016 年和 2017 年雾日高发；第三模态除秦皇岛市外几乎呈现全区一致型分布特征（图 3.2）。

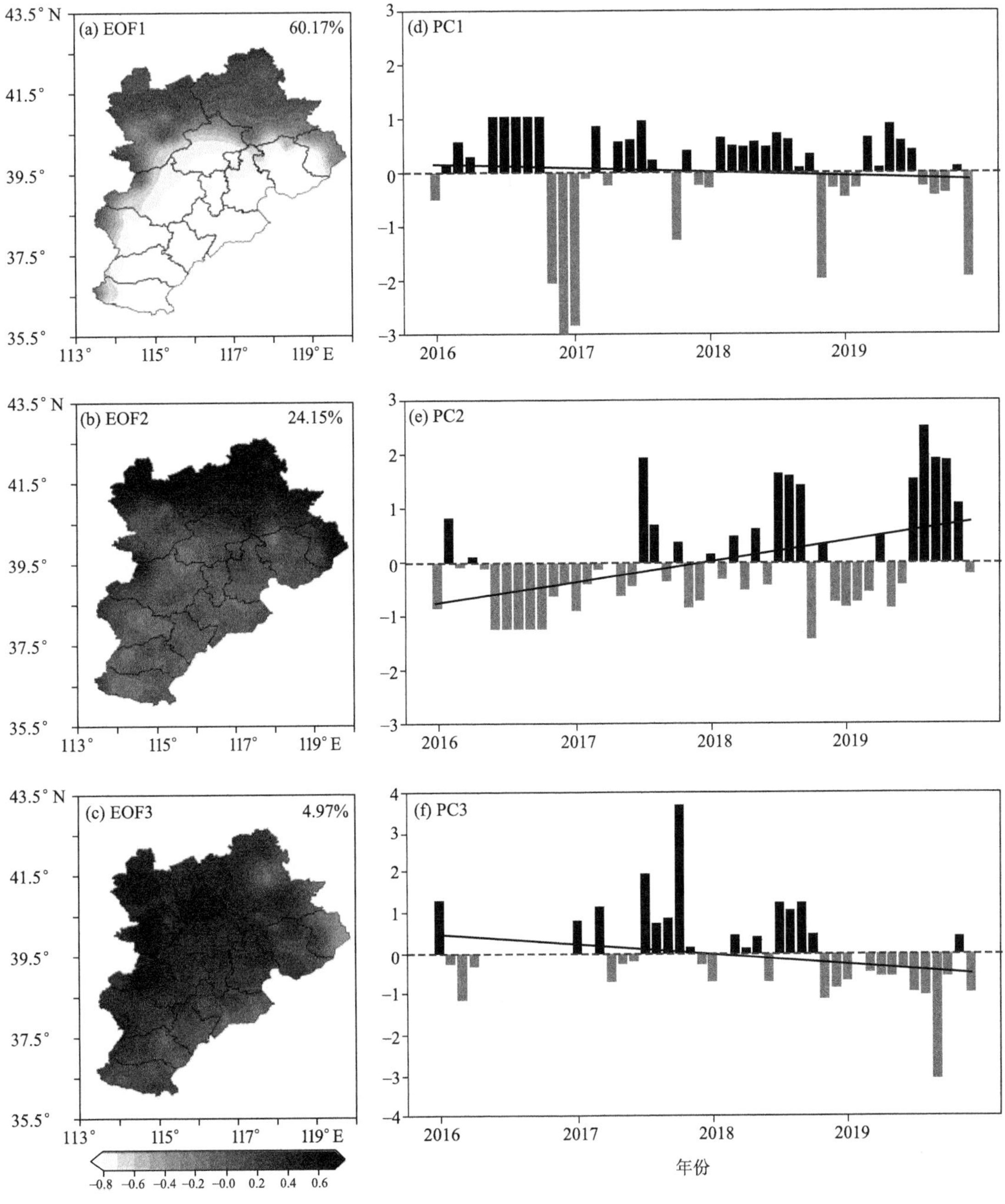

图 3.2　2016—2019 年逐月雾日经验正交分解时空分布

3.1.1.2　时间分布特征

从图 3.3 可知，2011—2020 年，除 2012 年（仅 12 d）外，其他年份的大雾日数均在 15 d 以上，其中 2016 年大雾日数最多，为 33 d，大雾站次达 5737 站次。2018—2020 年大雾日数呈上升趋势，2020 年大雾日数约为 25 d，大雾站次达 4340 站次。

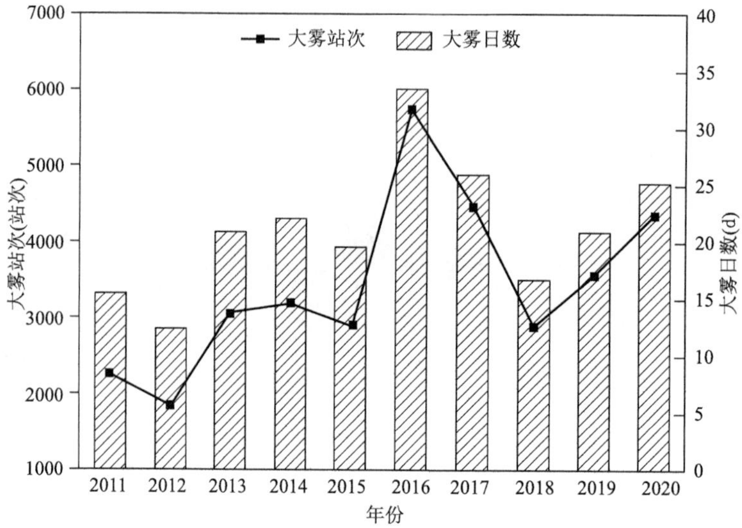

图 3.3　2011—2020 年京津冀大雾站次和大雾日数分布

由于不同季节和月份具有不同的温湿特征，所以雾日在不同季节和月份也有所不同，秋冬季节雾日和出现站次多，春夏季节少。统计 2011—2020 年累年大雾站次和大雾日数的逐月分布特征，发现 9 月—次年 1 月为雾高发时段（图 3.4），即秋季到冬季，其中 10 月大雾日数最多，为 111 d，1 月出现大雾站次最多，为 5598 站次，3—6 月大雾出现频率较低，其中 6 月出现大雾日数和站次均为最低，仅为 15 d、742 站次。

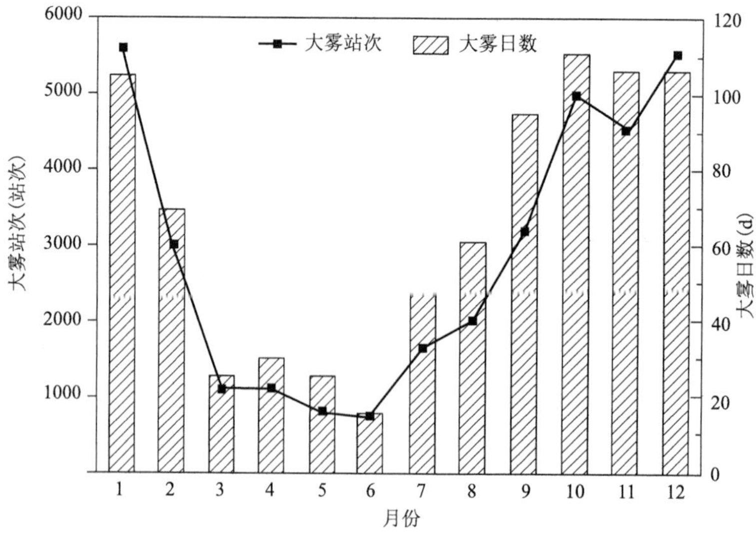

图 3.4　2011—2020 年京津冀累年大雾站次和大雾日数逐月分布

3.1.2　京津冀大风日数分布及日极大风速变化特征

大风是在大尺度环流系统或局地强对流天气系统下产生的一种天气过程。我国《地面气象观测规范》中规定，瞬间风速达到或超过 17 m/s 的风，记为大风，若某日中有大风出现，一般称该日为大风日。

3.1.2.1　空间分布特征

利用 2011—2020 年京津冀 172 个国家气象站逐日极大风速资料，绘制过去 10 年京津冀各站大风日数分布图，可见张家口西北部及承德西部是大风日数出现最多的区域，尤其是承德丰宁地区，累年大风日数高达 649 d(图 3.5)。

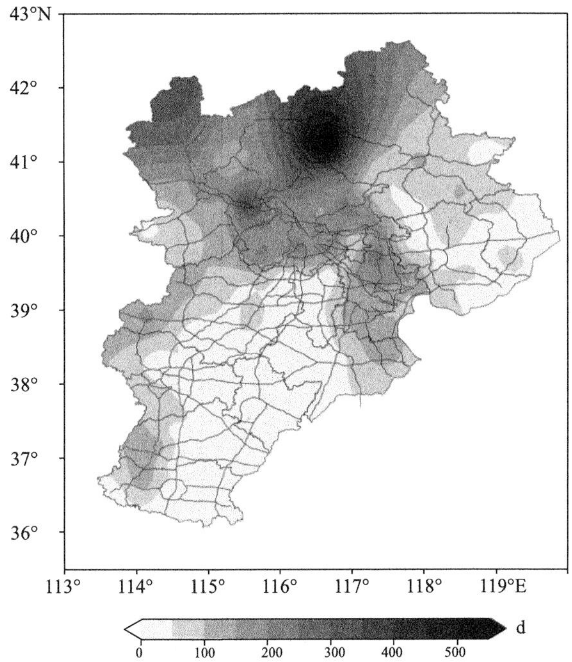

图 3.5　2011—2020 年京津冀累年极大风速达到大风标准的大风日数空间分布

在分析大风风速特征时，利用 2011—2020 年京津冀 172 个国家气象站逐日极大风速资料，绘制过去 10 年京津冀各站极大风速分布图，可见张家口西北部及承德西部、保定东南部、沧州西南部、石家庄西南部、邢台西北部是极大风速较高的区域，其中承德丰宁地区极大风速高达 39.3 m/s(风力 13 级)(图 3.6)。

利用 EOF 正交函数分解对各站逐日极大风速距平场进行分析发现，前三个主要模态方差贡献较大，分别为 71.3%、11.7%和 5.4%。第一模态(图 3.7a)在空间上呈现全省一致性负距平的变化特征；第二模态(图略)南北反向，中北部为正距平，东南部为负距平；第三模态(图略)东西反向，西部地区为负距平。结合时间系数(图 3.7b)综合来看，全省绝大部分地区在 2001—2020 年日极大风速呈现明显减少的趋势，其中张家口、承德北部地区在第二、第三模态中略有增大的趋势。

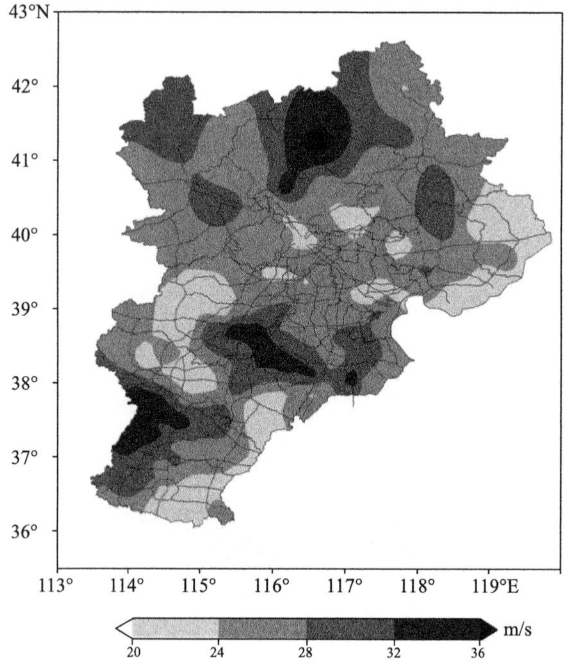

图 3.6　2011—2020 年京津冀极大风速分布

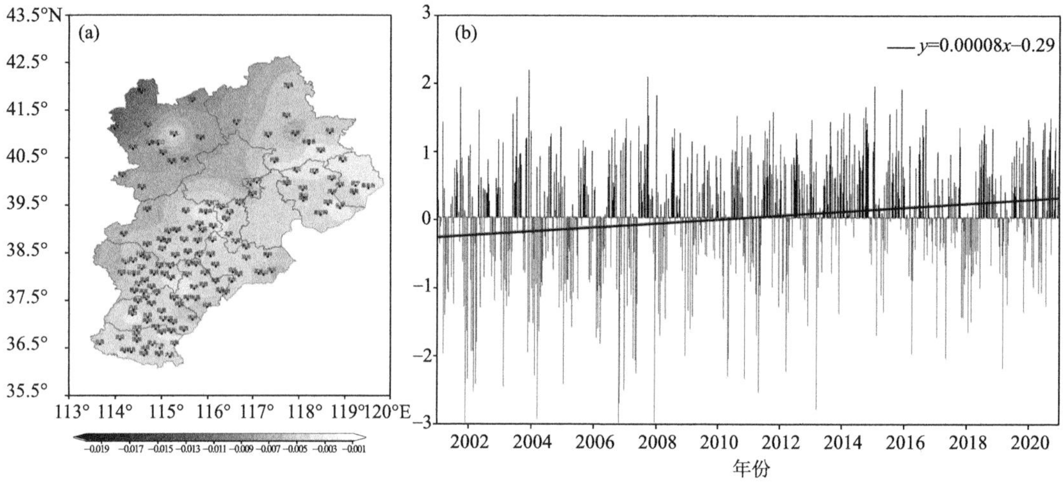

图 3.7　2001—2020 年河北省国家气象站逐日极大风速距平场 EOF 第一空间模态(a)和第一时间系数(b)

3.1.2.2　时间分布特征

2011—2020 年京津冀年均大风日数约为 8 d，大风站次为 1374 站次。2011—2015 年大风日数均在 5 d 以下，大风站次均不足 700 站次；2016—2020 年大风日数相对较多，均在 9 d 以上，其中 2017 年最多，为 22 d，大风站次为 3712 站次，其次是 2016 年，为 13 d，大风站次为 2214 站次(图 3.8)。

分析 2011—2020 年京津冀累年大风日数和大风站次逐月分布特征，发现春夏(3—8 月)大风日数和大风站次多，秋冬季节相对较少。其中 5 月出现大风日数和站次最多，分别为 15 d、1976 站次，其次是 4 月，分别为 13 d、1857 站次；1 月最少，分别为 6 d、367 站次（图 3.9）。

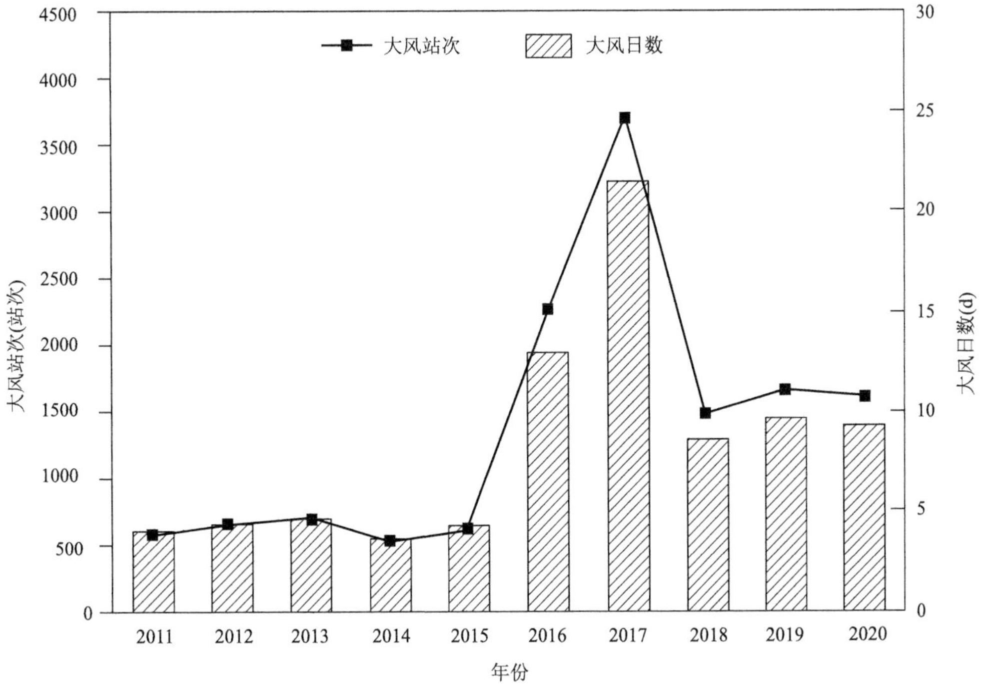

图 3.8　2011—2020 年京津冀大风站次和大风日数分布

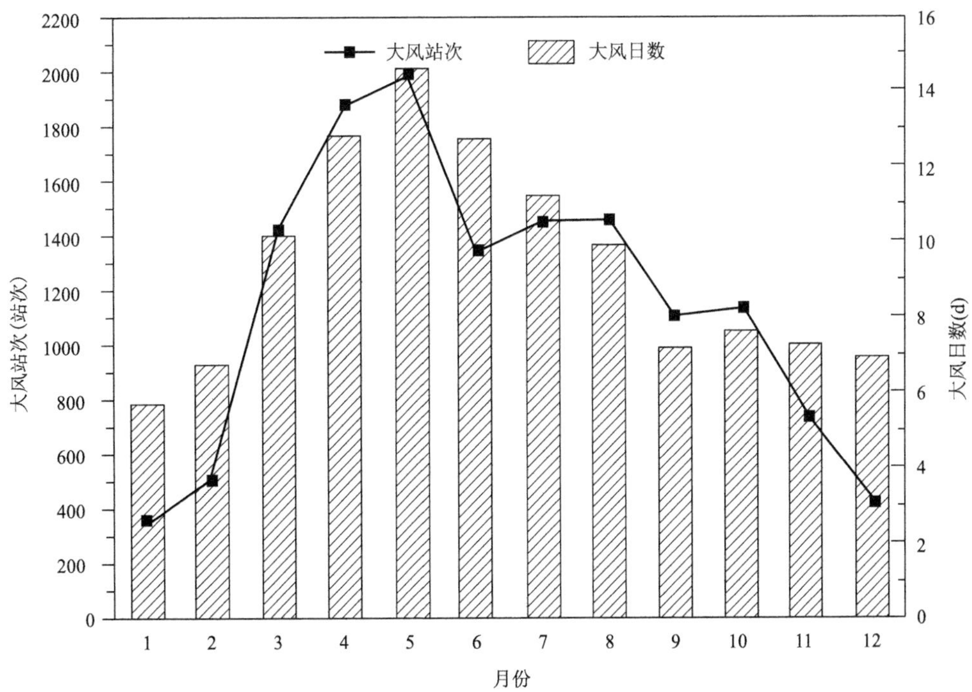

图 3.9　2011—2020 年京津冀累年大风站次和大风日数逐月分布

3.1.3 京津冀降雪日数及降雪量分布特征

3.1.3.1 空间分布特征

在分析京津冀降雪日数分布特征时，利用2011—2020年京津冀172个国家气象站逐日降雪量资料，绘制过去10年京津冀各站降雪日数累年分布图，可见张家口和承德坝上地区是降雪日数出现最多的区域，尤其是张家口康保地区，累年降雪日数高达429 d，其次是沽源地区，达416 d(图3.10)。

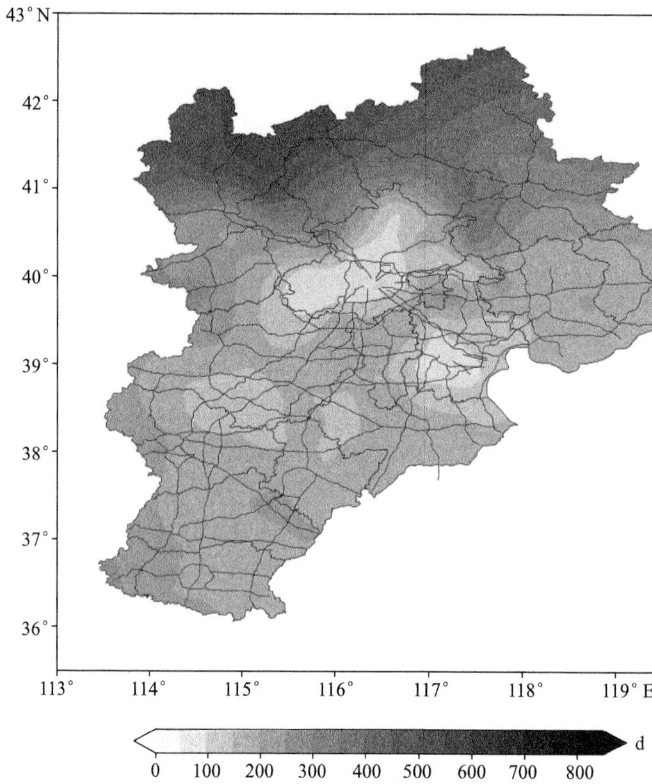

图3.10 2011—2020年京津冀累年降雪日数分布

在分析京津冀降雪量分布特征时，利用2011—2020年京津冀172个国家气象站逐日降雪量资料，绘制过去10年京津冀各站平均降雪量分布图，可见张家口和承德坝上地区是降雪量最多的区域，与上述降雪日数分布情况一致，其中张家口沽源平均降雪量最多，为54.7 mm，其次是崇礼和康保(图3.11)。

3.1.3.2 时间分布特征

2011—2020年京津冀年均降雪日数为10 d，其中2012年降雪日数最多，为15 d，其次是2015年，为14 d。2012年降雪站次最多，为2197站次，其次是2015年，为2059站次。2014年降雪日数最少，为6 d，降雪站次为862站次(图3.12)。

分析降雪逐月分布特征发现，除6—8月外，其他月份均有降雪出现，冬季(12月—次年2月)

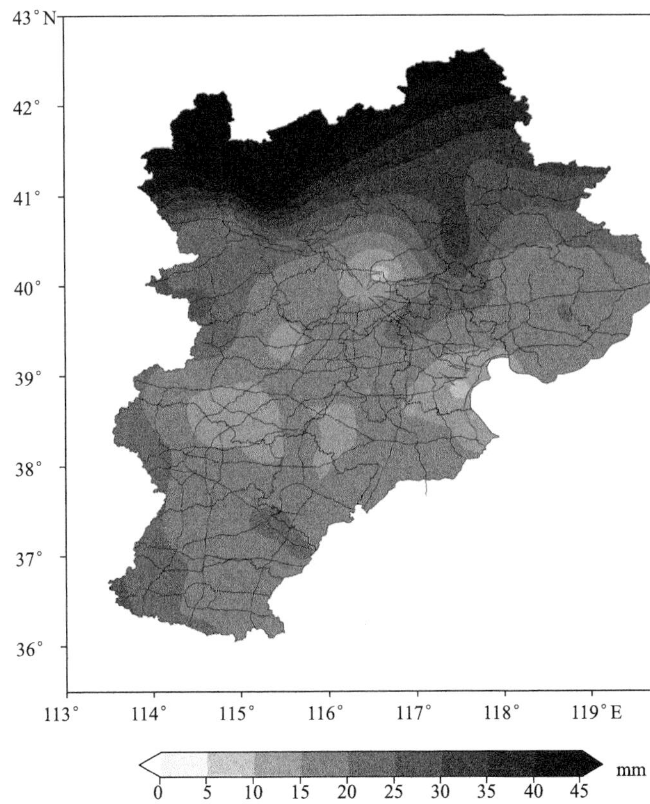

图 3.11　2011—2020 年京津冀平均降雪量分布

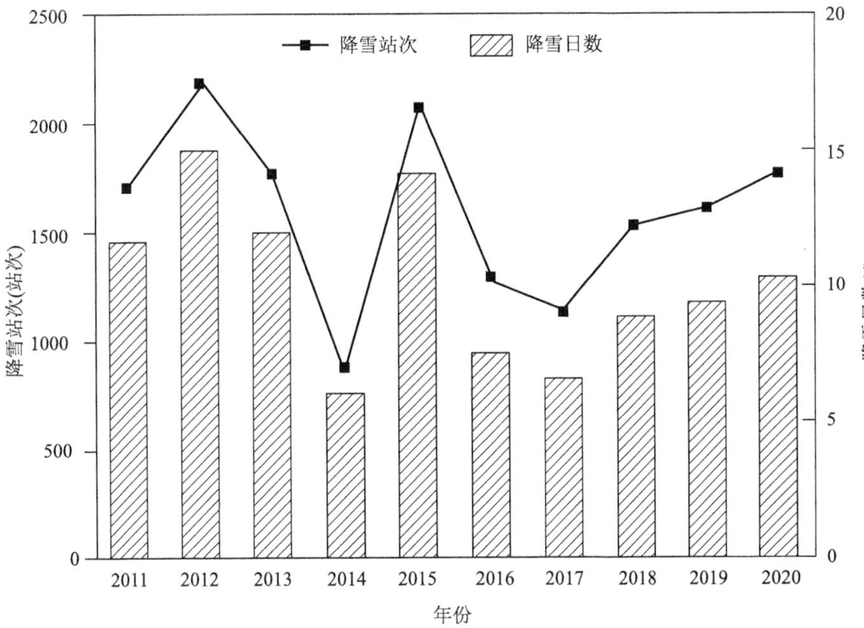

图 3.12　2011—2020 年京津冀降雪站次和降雪日数分布

出现较多，其中 12 月降雪日数最多，为 15 d，其次是 1 月和 2 月，均为 14 d；2 月降雪站次最多，为 4393 站次；其次是 12 月，为 3407 站次(图 3.13)。

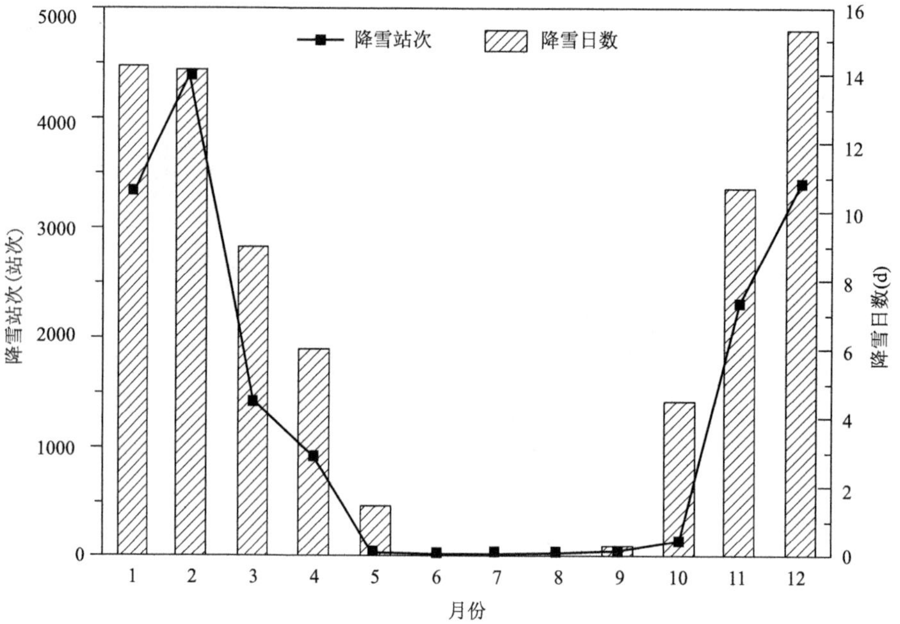

图 3.13　2011—2020 年京津冀降雪站次和降雪日数逐月分布

3.1.4　京津冀暴雨日数及降水量分布特征

3.1.4.1　空间分布特征

在分析京津冀暴雨日数分布特征时，利用 2011—2020 年京津冀 172 个国家气象站逐日降水量资料，绘制过去 10 年京津冀各站累年暴雨日数分布图，可见唐山和秦皇岛、沧州东部地区是出现暴雨日数最多的区域，其中唐山遵化地区累年暴雨日数最多，为 31 d，其次是迁安和秦皇岛、昌黎地区(图 3.14)。

在分析京津冀降水量分布特征时，利用 2011—2020 年京津冀 172 个国家气象站逐日降水量资料，绘制过去 10 年京津冀各站年平均降水量分布图，可见承德南部、唐山、秦皇岛、沧州东部、保定西南部、石家庄西部、邢台西部、邯郸西部地区是年均降水量较多的区域，其中承德兴隆地区年平均降水量最多，为 736.5 mm，其次是唐山遵化和秦皇岛青龙地区(图 3.15)。

3.1.4.2　时间分布特征

2011—2020 年京津冀年均暴雨日数为 35 d。2013 年暴雨日数最多，为 43 d，其次是 2012 年和 2016 年，分别为 42 d 和 40 d。2012 年暴雨站次最多，为 376 站次，其次是 2016 年，为 334 站次。2019 年暴雨日数最少，为 27 d，2014 年暴雨站次最少，为 121 站次(图 3.16)。

分析暴雨逐月分布特征发现，4—11 月均有暴雨出现，其中汛期(6—8 月)出现较多，7 月出现暴雨日数最多，为 133 d、暴雨站次为 1227 站次，其次是 8 月，暴雨日数和暴雨站次分别为 102 d 和 860 站次(图 3.17)。

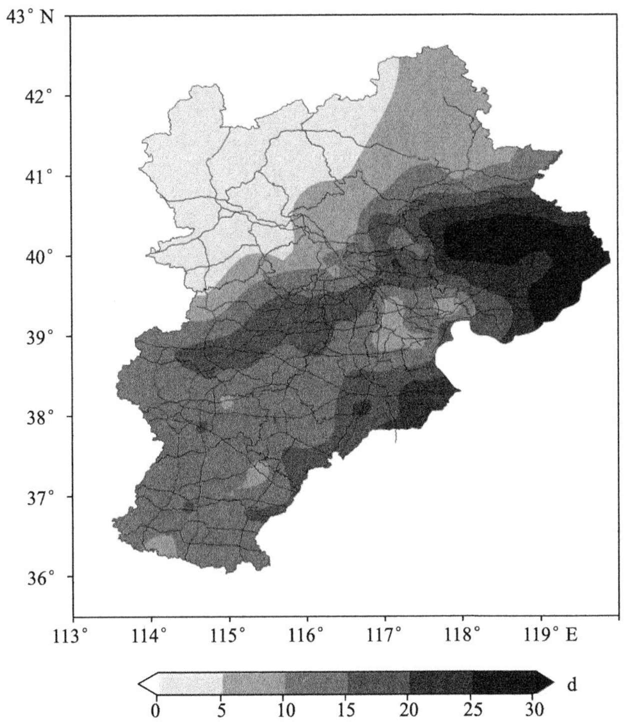

图 3.14　2011—2020 年京津冀累年暴雨日数分布

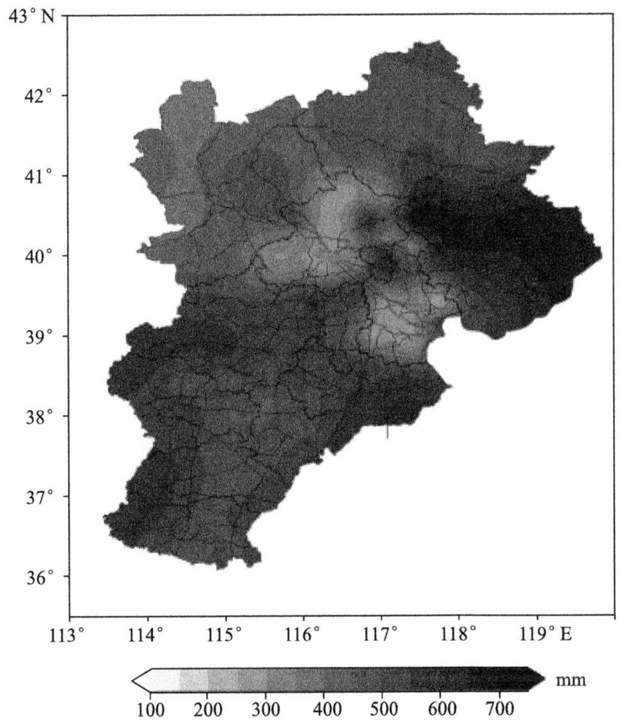

图 3.15　2011—2020 年京津冀年平均降水量分布

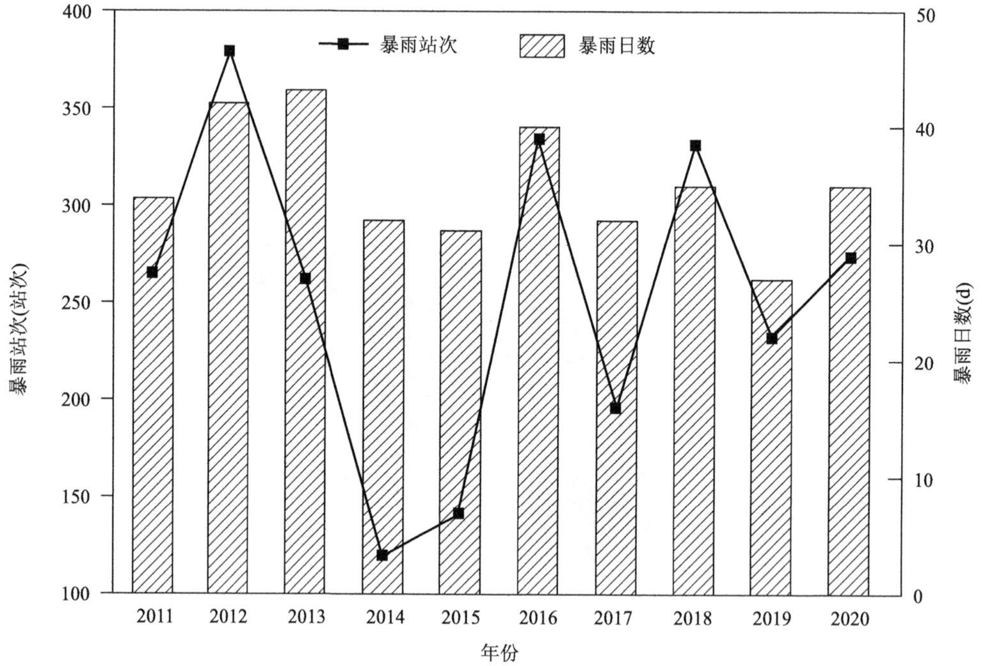

图 3.16　2011—2020 年京津冀暴雨站次和暴雨日数分布

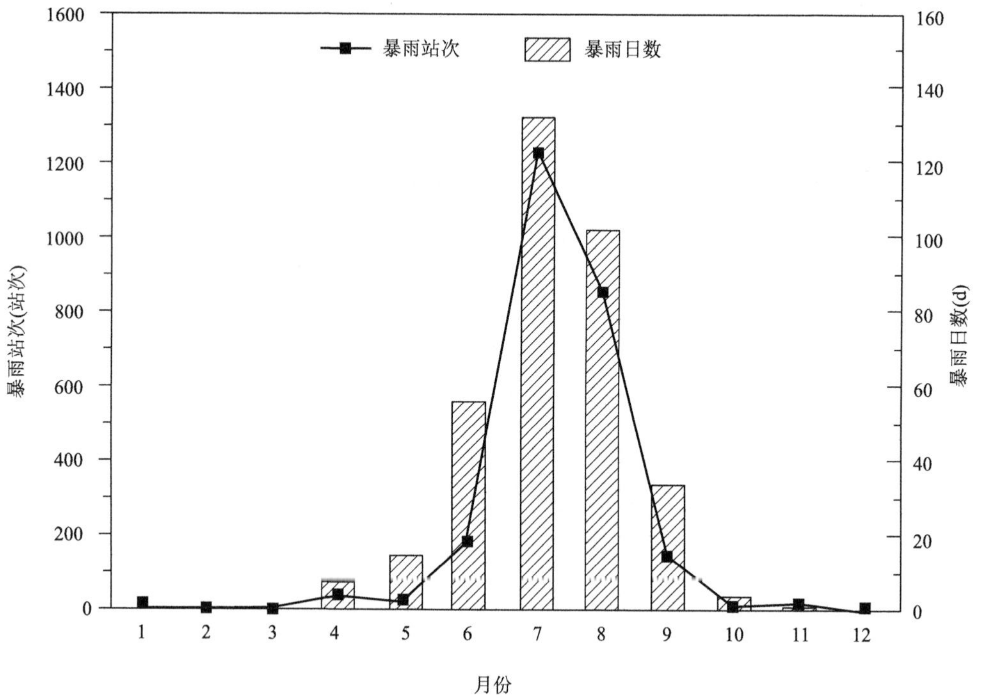

图 3.17　2011—2020 年京津冀累年暴雨站次和暴雨日数逐月分布

3.2 高速公路沿线低能见度分布特征

3.2.1 高速公路低能见度时空分布特征

据《高速公路交通气象条件等级》(QX/T 111—2010),能见度在500 m以下时才会对高速公路行车产生影响。因此根据河北省高速公路交通气象观测站建站以来的监测数据以及县市气象台站的观测资料,重点分析由雾造成的小于500 m的低能见度分布特征。分析发现,雾造成的低能见度可发生在一年中任意时段,但冬半年的发生频率明显高于夏半年,且冬半年低能见度持续时间较夏半年明显偏长,据统计,秋冬季节单次低能见度持续时间最长可接近60 h,而夏季低能见度主要出现在早晨至上午时段。雾造成的低能见度空间分布呈现平原多于山区的特点,其中京广铁路沿线周边是低能见度高发区域,如大广高速京衡段、京港澳高速石安段,低能见度年平均日数均可达45 d。

3.2.1.1 不同季节雾导致低能见度的频次分布

雾的存在会降低空气透明度,使能见度恶化(吴兑 等,2009),危害交通安全。低能见度有时是由降水或霾导致,因此对资料进行了质量控制,将小时降水量大于等于5 mm或相对湿度小于90%的数据剔除,这样所统计的低能见度完全是由雾所导致。雾的日变化特征十分明显,浓雾或强浓雾往往出现在夜间,因此本节对逐日数据进行了拆分处理,以当日15时为节点,15时之前的作为当日数据,15时之后(包括15时)的为第二日数据。参考《雾的预报等级》(GB/T 27964—2011)及严明良(2011)按能见度距离对雾的分类,对低能见度的变化分为三种:第一种为能见度为200～500 m的大雾,第二种为能见度为50～200 m的浓雾,第三种为能见度为0～50 m的强浓雾。秋冬季是河北省大雾频发的季节,采用的季节分类如下:春季为3—5月,夏季为6—9月,秋冬季为10月—次年2月。

2016年是河北省能见度监测实现自动化的第一年,因此利用2016—2017年河北省高速公路沿线61个国家气象站(图3.18,表3.1)的逐时最小能见度、降水和湿度资料,对河北省8条主要高速公路(京秦高速、沿海高速、大广高速京衡段和衡大段、京沪高速、石黄高速、石安高速、青银高速)不同季节低能见度出现频次的分布特征及秋冬季低能见度的逐时演变特征进行统计分析。

秋冬季低能见度出现频次最高,春季最低(图3.19),这是由于进入秋冬季后影响河北省的冷空气多为西北路径或偏西路径,当冷空气较弱时受山脉阻挡导致冷空气扩散南下,使得河北省中南部处于弱气压场,利于大雾的生成。在秋冬季,除了京秦高速和沿海高速外,其他高速沿线低能见度出现的频次基本均在50次以上,尤其是大广高速(京衡段和衡大段)以及石安高速,部分路段达到了100次,最高的是大广高速衡大段的大名站,为147次。夏季大部分高速沿线的低能见度出现频次在40次以下,春季在20次以下;春季和夏季低能见度出现频次最高的地方分别是大广高速衡大段的魏县(34次)和京秦高速的香河(44次)。

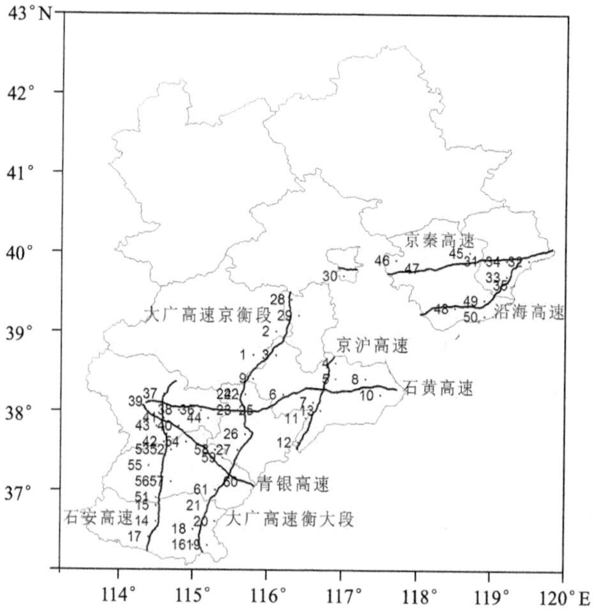

图 3.18　河北省 8 条高速公路及沿线国家气象站分布(数字代表气象站的序号)

表 3.1　气象站序号及对应站名

序号	站名	序号	站名	序号	站名	序号	站名	序号	站名	序号	站名	序号	站名
1	高阳	11	东光	21	邱县	31	卢龙	41	栾城	51	沙河	61	威县
2	雄县	12	吴桥	22	饶阳	32	秦皇岛	42	高邑	52	柏乡		
3	任丘	13	南皮	23	深州	33	昌黎	43	元氏	53	临城		
4	青县	14	邯郸	24	安平	34	抚宁	44	辛集	54	宁晋		
5	沧州	15	永年	25	武强	35	翡翠岛	45	迁安	55	内丘		
6	献县	16	魏县	26	衡水	36	晋州	46	玉田	56	邢台		
7	泊头	17	磁县	27	冀州	37	正定	47	丰润	57	任县		
8	黄骅	18	广平	28	固安	38	藁城	48	曹妃甸	58	新河		
9	肃宁	19	大名	29	霸州	39	石家庄	49	乐亭	59	南宫		
10	海兴	20	馆陶	30	香河	40	赵县	50	林场	60	清河		

3.2.1.2　不同高速低能见度的频次分布

京秦高速香河段,大广高速京衡段的固安、雄县、高阳至安平段,大广高速衡大段的冀州、威县、馆陶至大名段,石黄高速献县至武强段,石安高速元氏至临城段、沙河至磁县段以及青银高速的新河至赵县段的低能见度出现频次基本在 100 次以上,其中大广高速衡大段的魏县至大名段低能见度出现频次最高,达 200 次以上;京秦高速的玉田至秦皇岛段、沿海高速的抚宁至林场段、石黄和石安高速的正定段出现低能见度的频次较低,其余高速路段出现低能见度的频次为 50～100 次(图 3.20)。

综合以上结果可知,不同高速低能见度出现的频次有一定差异,这与河北省的特殊地形有

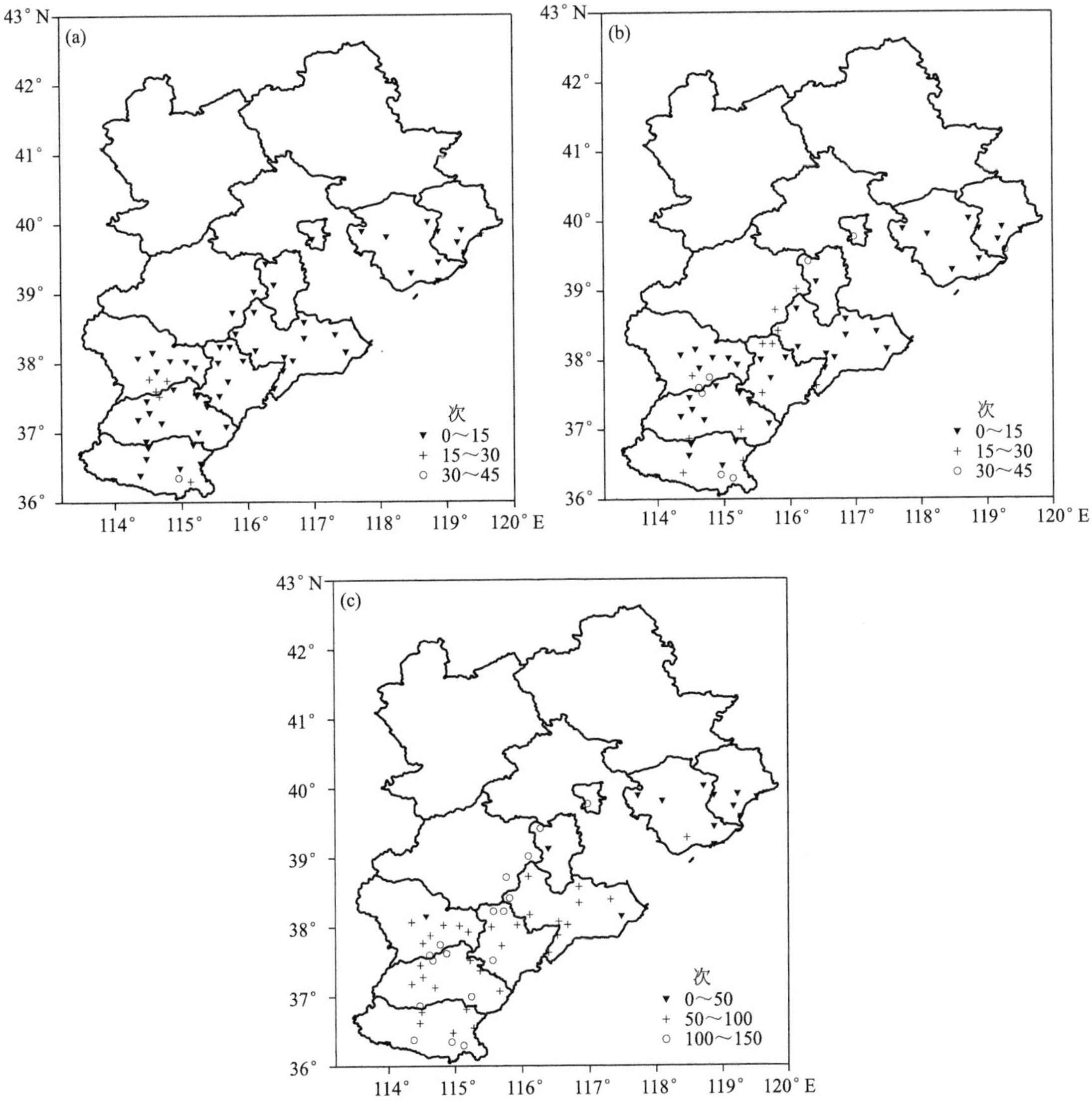

图 3.19　2016—2017 年春季(a)、夏季(b)和秋冬季(c)高速沿线低能见度频次分布

关，当冷空气较弱时，太行山的阻挡作用明显，加上山区和平原间的热力差异，河北平原存在一条东北—西南向的地形辐合线(宋善允 等，2017)，导致平原地区低能见度出现频次较高，尤其是与太行山平行的石安高速和大广高速，它们受地形辐合线的影响最为明显。

3.2.1.3　秋冬季高速低能见度出现的时间规律

秋冬季是河北省高速低能见度频发的季节，为了更好地反映秋冬季高速沿线大雾、浓雾、强浓雾出现的时间规律，统计分析了 3 种低能见度出现频次的日变化(图 3.21)。

低能见度的日变化特征十分明显，一般在 19 时—次日 09 时，但不同级别低能见度出现的时间有所差异。大雾和浓雾在一天中的所有时刻都会出现，而 13—16 时没有强浓雾，这可能是由于午后气温升高明显，温度露点差增大，相对湿度减小，能见度不会降得太低。19 时开始大雾的出现明显增多，在 21 时达到一个峰值，00 时又明显增加，在 02—03 时达到峰值(150 次

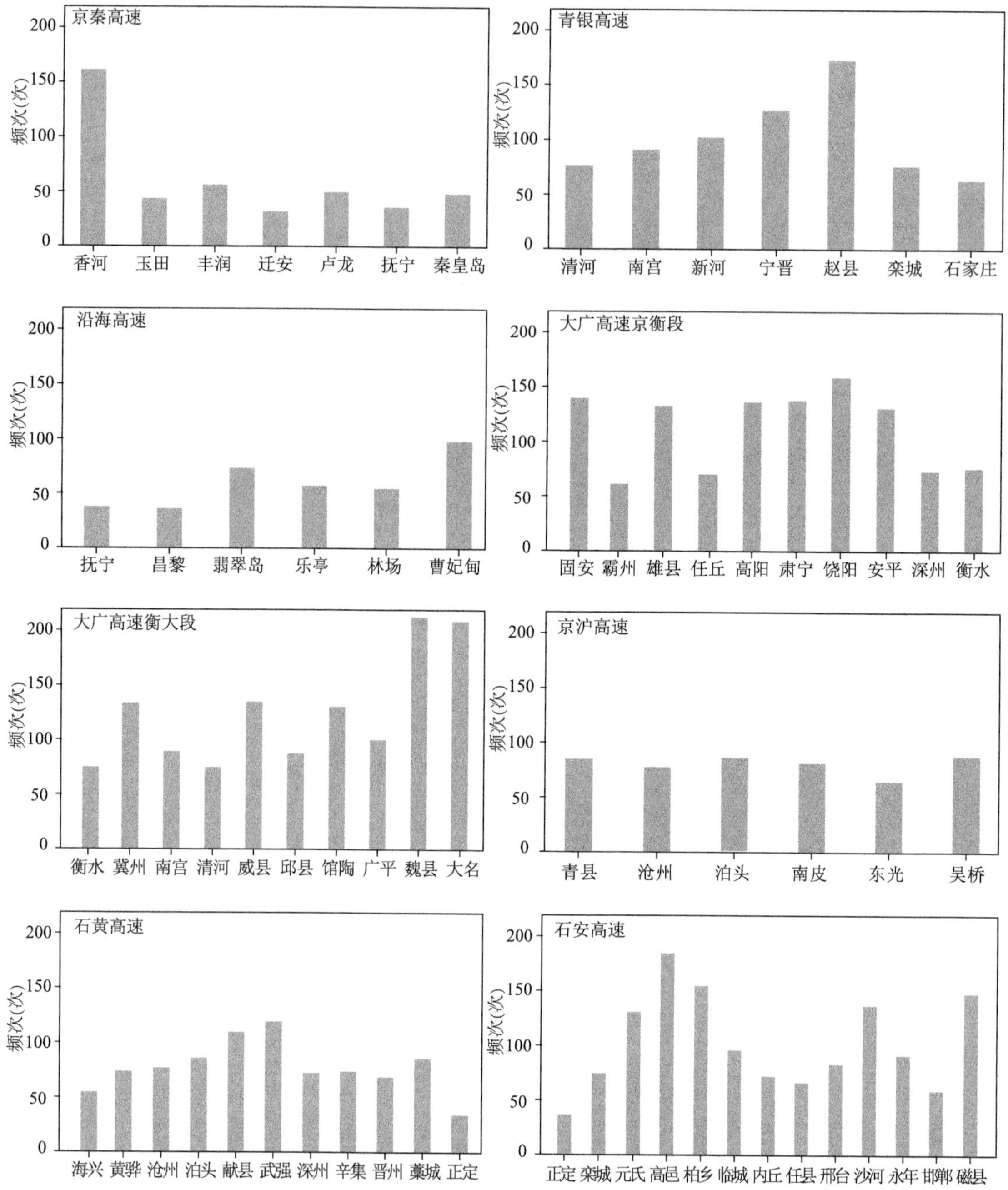

图 3.20 2016—2017 年不同高速公路沿线国家气象站低能见度频次分布

左右)；夜间气温不断下降，能见度也越来越低，随着大雾的发展浓雾的出现也逐渐增多，03 时开始浓雾出现的频次高于大雾，03—07 时为浓雾出现的高峰期，因此需要加强对该时段浓雾的监测，11 时浓雾出现的频次明显降低，在 11—15 时出现的可能性低于大雾；强浓雾出现频率较高的时段主要在 00—09 时，05 时是强浓雾出现的一个峰值。

(1)200～500 m 低能见度的日变化

大广高速、石安高速、青银高速能见度为 200～500 m 的频次较高，京秦和沿海高速相对

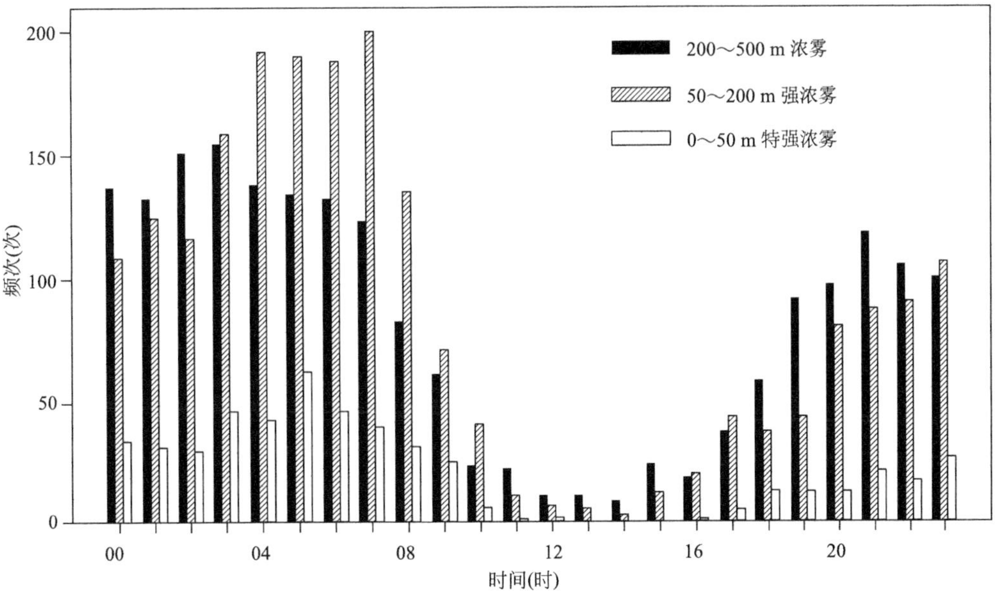

图 3.21　2016—2017 年 8 条高速公路低能见度出现频次日变化

较低。大部分高速主要在 20 时—次日 07 时出现大雾，相比于 00 时之前，大广高速衡大段、石安高速、青银高速在 00 时之后的频次更高，尤其是大广高速衡大段，京秦高速则与之相反，其他高速在该时段各时刻的频次较均衡。大广高速衡大段出现大雾的频次最高，威县、魏县、大名段最为明显，分别在 03—04 时、01—02 时和 06 时、02 时出现峰值；大广高速京衡段在 03—05 时容易出现大雾；石安高速的大雾在 17 时就开始明显增多，出现时间早于其他高速，02—03 时是一个高峰时段，并且在 11—18 时出现大雾频次高于其他高速；青银高速在 01—08 时出现大雾的频次基本在 18～23 次(图 3.22)。

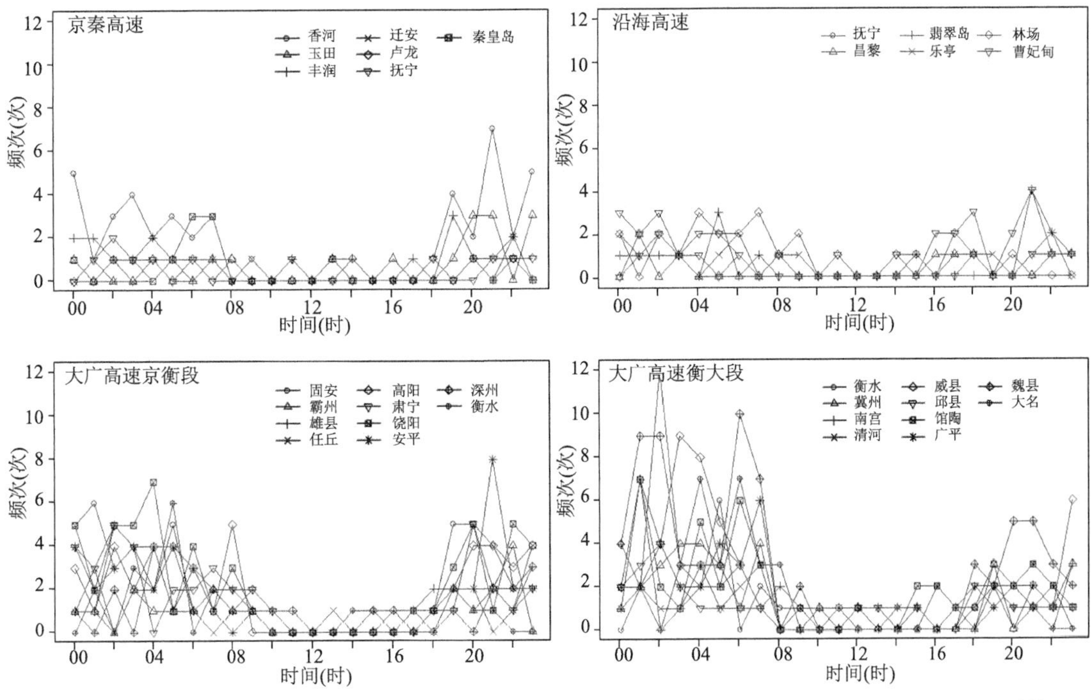

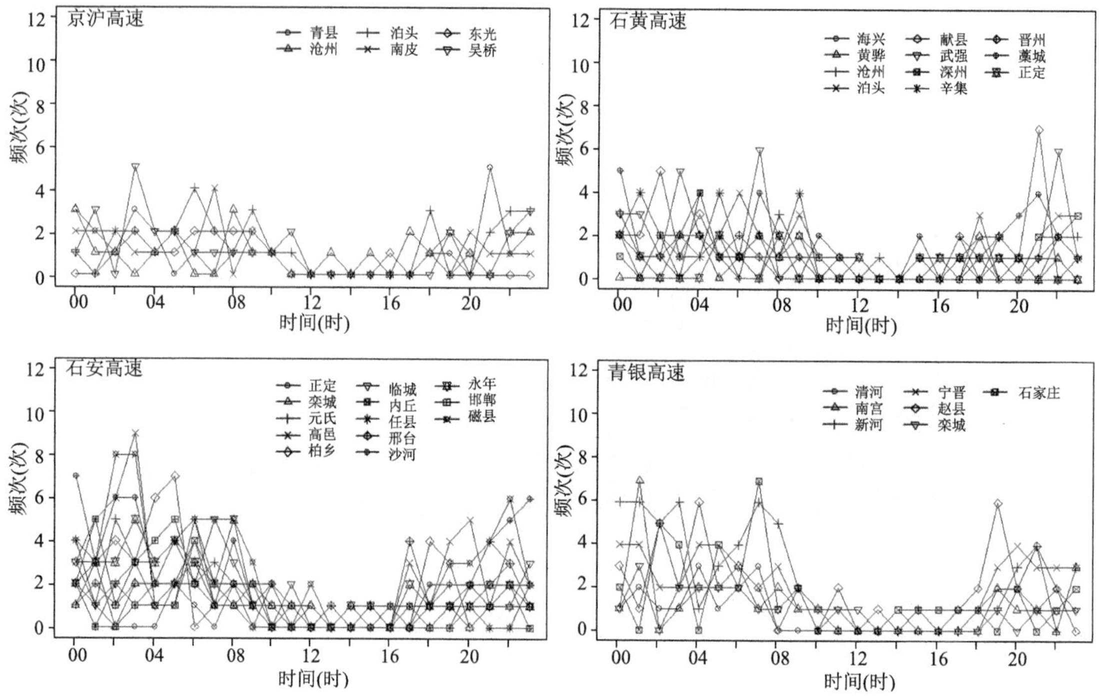

图 3.22　高速沿线代表站 200～500 m 低能见度出现频次日变化

(2)50～200 m 低能见度的日变化

50～200 m 低能见度出现频次较高的除了大广高速、石安高速、青银高速外，石黄高速也较高(图 3.23)。京秦高速的香河段是浓雾的高发路段；沿海高速的浓雾主要出现在 02 时、04 时和 07 时；04—07 时是大广高速京衡段和青银高速浓雾的高发时段，尤其是京衡段的肃宁、衡水和青银高速的清河，分别在 04 时、06 时和 08 时出现最高频次(10 次)；大广高速衡大段的浓雾有两个频发时刻，即 03 时和 06 时，邱县在 03 时出现最高频次 11 次，大名、衡水、清河最高达到 10 次；京沪和石黄高速在 05—08 时出现浓雾较多；石安高速则在 03—07 时出现较多，高邑至柏乡段为频发路段。

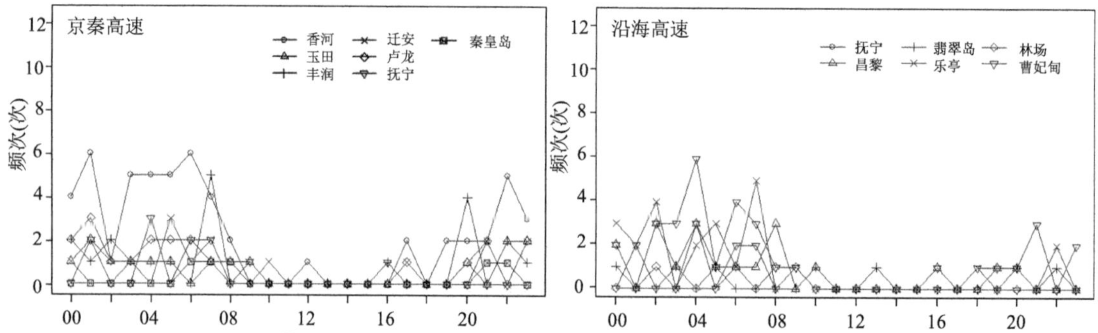

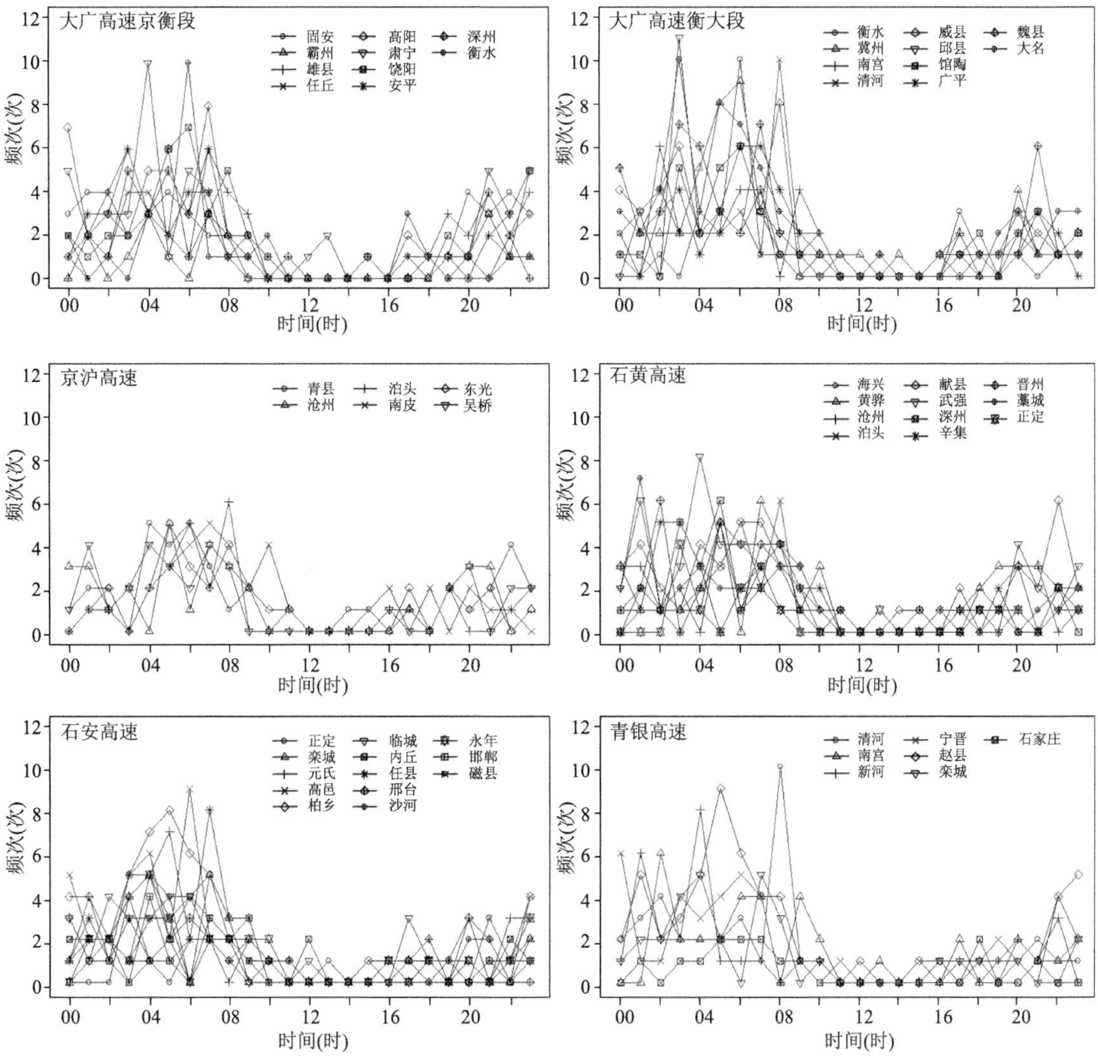

图 3.23　高速沿线代表站 50～200 m 低能见度出现频次的日变化

(3)0～50 m 低能见度的日变化

0～50 m 低能见度在各高速出现的频次明显降低(图 3.24)，主要出现在 00—09 时。大广高速、石安高速、青银高速出现强浓雾较多，京秦和沿海高速强浓雾出现频次最低，其他高速强浓雾出现频次在 0～3 次。大广高速京衡段的饶阳至安平段在 00 时和 05 时出现峰值，衡大段 50 m 以下的低能见度主要出现在 03 时和 07 时，主要是魏县至大名段、馆陶和威县；京沪高速在 00 时和 04 时出现强浓雾较多；石黄高速在 04—05 时、08—09 时的频次较高，且泊头段在该时段相比其他路段更容易出现强浓雾；石安和青银高速在 03—06 时出现强浓雾频次较高，石安高速的柏乡和磁县路段、青银高速的宁晋至栾城段出现较多。

3.2.2　浓雾过程统计特征

选用 2013 年和 2014 年秋冬两季(9 月—次年 2 月)河北省高速公路沿线布设的 152 套交通气象自动监测站的逐分钟气象资料和高速公路沿线附近的国家气象站逐分钟气象资料，包

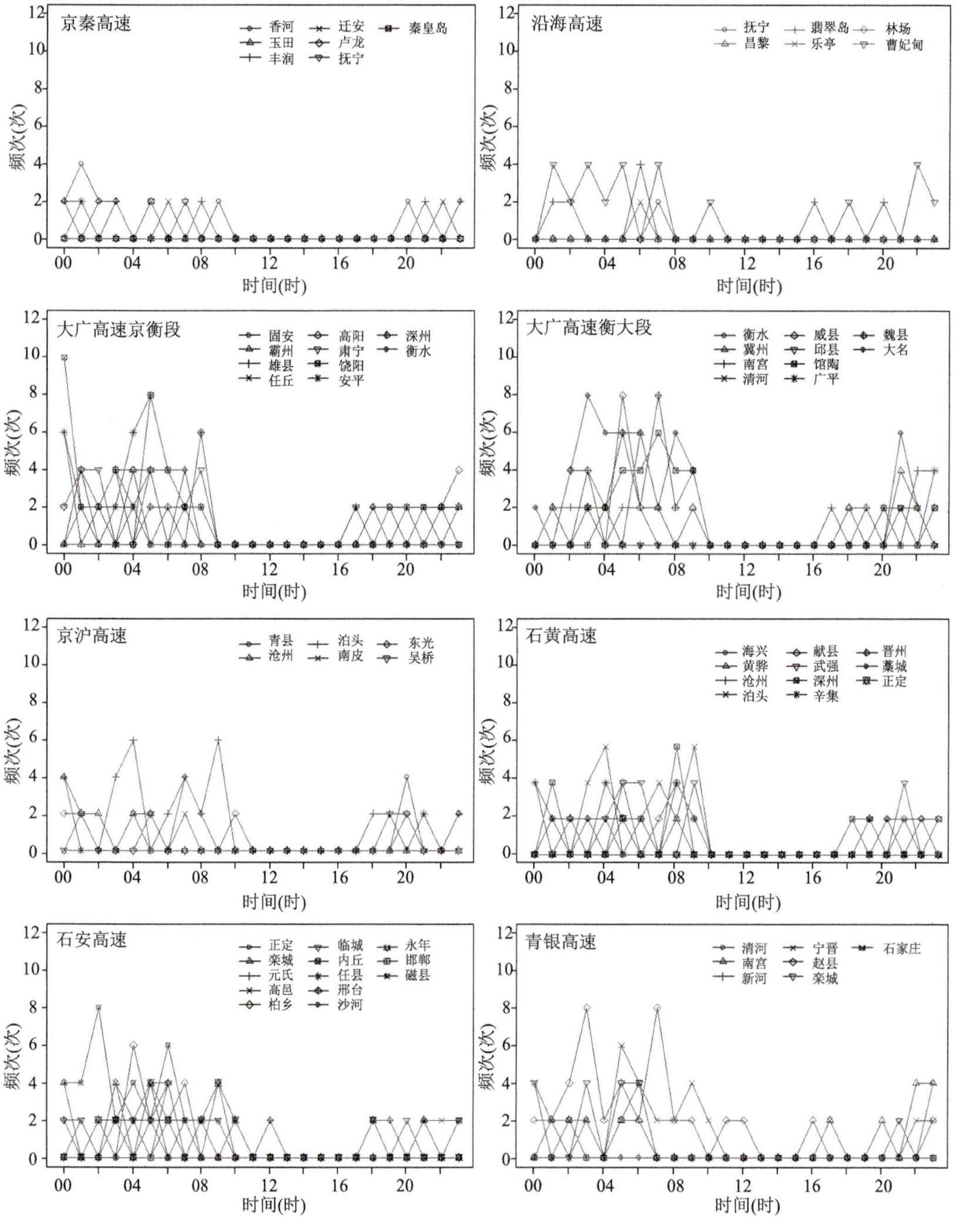

图 3.24 高速沿线代表站 0～50 m 低能见度出现频次的日变化

括能见度、气温、露点温度、气压、相对湿度、风向、风速等。选取能见度小于 500 m、相对湿度大于 90%，出现 30 站以上的浓雾天气过程作为一个浓雾个例过程，若两站或同站出现浓雾的时间间隔大于 4 h 或同一个交通气象站一天内出现浓雾的时间间隔在 8 h 以上，作为另一个浓雾个例过程。

3.2.2.1　浓雾过程的选取

秋冬两季,浓雾增多,而且河北省持续性浓雾过程具有种类多样性的特点,一次长时间浓雾过程不只是单一类型的雾,可能是几种类型的雾交替发生,包括平流雾、辐射雾、平流辐射雾,其中平流辐射雾出现频率最多(李江波 等,2010)。对河北省高速公路沿线 2013—2014 年秋冬两季的能见度小于 500 m 的浓雾过程进行统计,共有 59 个浓雾过程个例。利用 59 个典型浓雾过程个例开始时间和结束时间,分析计算各站出现各级大雾的持续时间频率。大雾持续时间 t 等级定义为 0～3 h、3～6 h、6～12 h、12～24 h、>24 h。

3.2.2.2　浓雾过程开始时间的分布规律

统计能见度小于 500 m 的浓雾过程开始时间发现,浓雾开始的时间段在 18 时—次日 04 时,其中 18—20 时,浓雾开始出现的频率最高,达 47.62%;22 时—次日 00 时、00—02 时次之,均达 19.05%,02 时以后最低,只有 2.38%(图 3.25)。河北省高速公路沿线的浓雾一般从傍晚前后出现,随着夜间辐射降温、水汽凝结和逆温等过程,能见度逐渐下降,尤其是日落后,地面气温逐渐降低,相对湿度持续升高,如果水汽含量较高,空气即会很快达到过饱和状态而凝结形成浓雾。

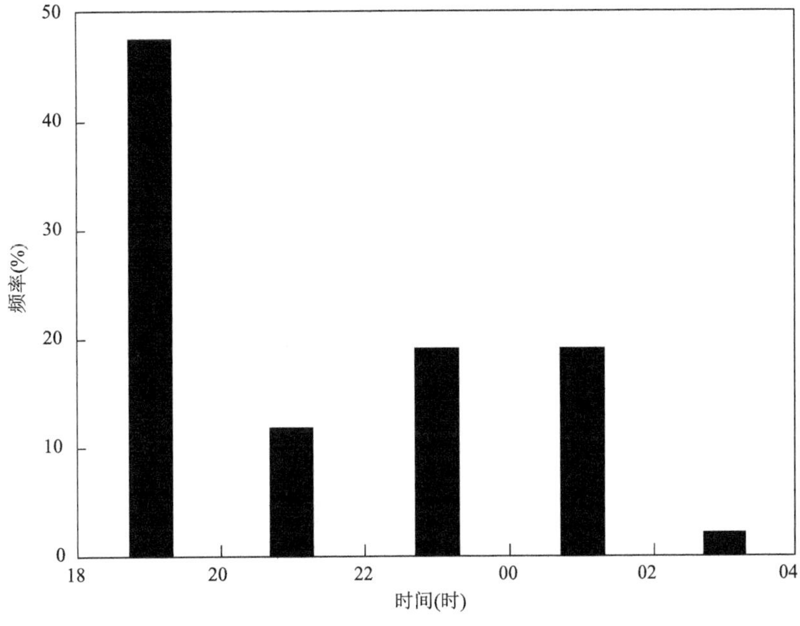

图 3.25　浓雾开始时间的频率分布

3.2.2.3　浓雾过程结束时间的分布规律

统计能见度小于 500 m 的浓雾过程结束时间发现,浓雾结束的时间段在 06—14 时,其中 08—10 时,浓雾结束的频率最高,达 42.86%;10—12 时、12—14 时次之,均达 23.81%,06—08 时最低,只有 9.52%(图 3.26)。随着夜间气温开始升高,大气垂直运动增强,同时相对湿度下降,能见度逐渐升高,尤其是日出之后,地面吸收了太阳辐射,再以湍流的方式向上传递热量，较强的梯度风将下层较干、较暖的空气带入雾层，使整个雾层快速变干、变暖，08 时以后气温迅速升高、湿度迅速下降，同时雾滴开始蒸发，逐渐变小，直至浓雾消散结束。

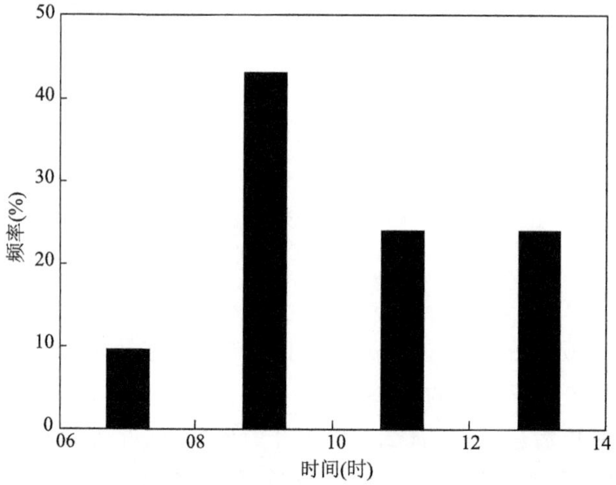

图 3.26 浓雾结束时间的频率分布

3.2.2.4 浓雾过程持续时间的分布规律

浓雾的持续时间越长，造成的影响和损失越大，因此，对每个浓雾过程的持续时间进行统计分析是十分必要的。由于选取的浓雾个例均为出现站次较多、持续时间较长的样本，因此将浓雾的持续时间分为 0～8 h、8～12 h、12～24 h 和＞24 h。统计 59 个浓雾个例持续时间的频率分布，可以直观地看到，持续时间在 12～24 h 的浓雾过程出现频率最高，达 54.76％，8～12 h 次之，为 23.81％，0～8 h 的浓雾过程出现频率最少，只有 7.14％（图 3.27）。统计发现，浓雾持续时间和浓雾出现的站数呈明显的正相关，相关系数达 0.83。可见，河北省高速公路沿线的浓雾过程具有出现范围广、持续时间长的特点，一旦形成，如果没有明显的降水或冷空气暴发，很难快速消散。

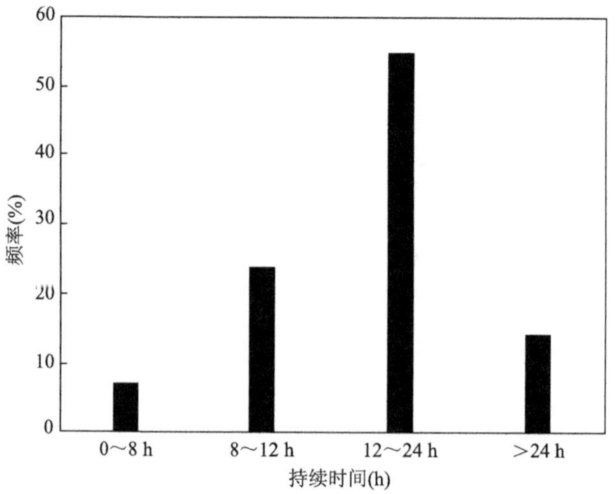

图 3.27 浓雾持续时间的频率分布

3.2.3　团雾个例的统计特征

选取 2015—2017 年河北省高速公路沿线交通气象观测站及周边气象站逐 5 min 的能见度、相对湿度等气象要素观测资料，参照戴秀梅(2014)对团雾的定义，将高速公路沿线水平能见度小于等于 100 m，雾体水平距离小于 20 km 的雾过程作为一个高速公路团雾个例，所有个例均经河北省高速交警部门确认。共筛选出高速公路团雾个例 705 个。分析典型个例机理时，选取 2015 年 12 月 20—26 日 NCEP 再分析资料和地面观测资料。

3.2.3.1　团雾个例时间分布特征

所选高速公路团雾个例的年际变化不明显，这 3 年的个例数相差不大，而月际变化和日变化非常显著。将 3 年中各月及各个时次的团雾个例数进行标准差标准化，即 $X^*=(X-\mu)/\sigma$，其中 X 为各月或各时次团雾事件起数，X^* 为其对应的标准化指数，μ 为所有样本数据的平均值，σ 为所有样本数据的标准差。由此得到逐月及逐小时团雾个例分布情况(图 3.28)。

从曲线分布可以看出，高速公路团雾事件在全年各月都可能发生，但主要集中在冬半年，高峰出现在 10—12 月，标准化指数分别为 1.414、1.906 和 1.742，3 个月累计团雾个例数占样本总数的 68.8%。其他月份对应的标准化指数均为负值，但 9 月和 1 月明显多于其他月份。春季 3—5 月发生较少，3 月最少，仅 4 次，对应的标准化指数为 −0.897。从柱状图分布可以看出，12—17 时几乎没有高速公路团雾事件发生。18 时开始呈增长态势，前半夜 23 时左右出现一个峰值，3 年累计发生 54 次，标准化指数为 0.908。进入后半夜，02 时再次迎来高峰，标准化指数达到 1.818，之后的几个小时标准化指数一直处于正值且较高水平，直到 07 时迎来最高峰，3 年累计发生 100 次，标准化指数高达 2.587，随后呈逐渐下降趋势。

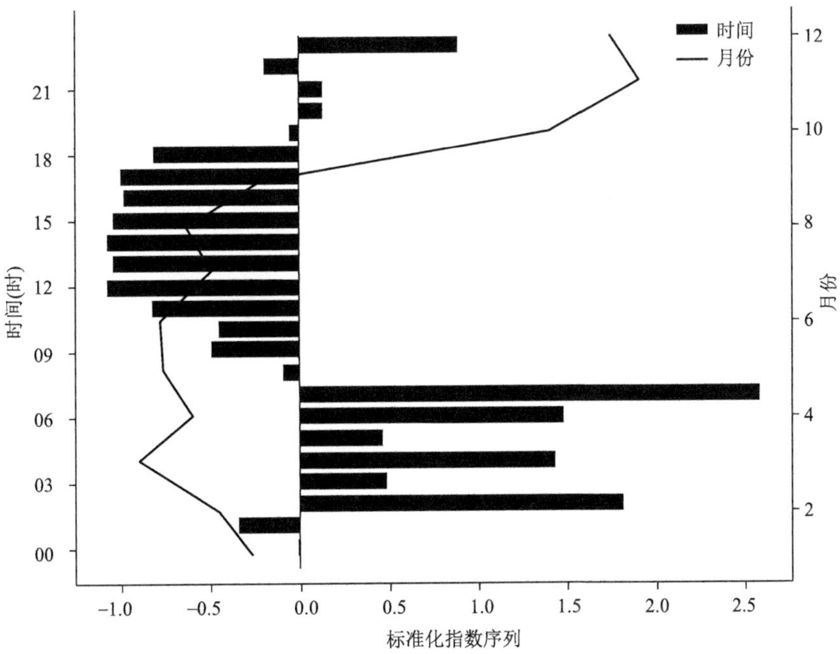

图 3.28　河北省高速公路逐月及逐小时团雾个例分布

综上所述，河北省高速公路团雾事件年际变化没有明显规律，月际变化和日变化呈现以下特征：团雾事件在全年各月都可能发生，但主要集中在冬半年，高峰出现在10—12月。事件在18时开始呈增长态势，高峰出现在后半夜至凌晨，上午逐渐下降，下午几乎不会出现。

3.2.3.2 团雾个例空间分布特征

705个高速公路团雾个例分布于河北省境内32条高速公路。从团雾个例的空间分布上来看，河北11个地级市差异很大。位于省北部的张家口、承德地区3年累计发生10～16次，占样本总数的2%以下。而处于河北省中部平原地区的廊坊、保定、衡水、邢台地区，3年团雾累计发生超过80次，保定最多，为105次。省东部地区的秦皇岛、唐山地区团雾个例也较多，但是均集中在这两个地区的中部偏南地区。

将年均发生3次及以上团雾的路段作为高速公路团雾易发路段，运用地理信息技术绘制河北省高速公路团雾空间分布图(图3.29)，可见，沿海高速、京沪高速、荣乌高速、大广高速京南路段、京石高速、青兰高速邯郸以西路段均为团雾易发路段，在交通气象服务中应予以高度关注。

图3.29 河北省高速公路团雾空间分布

另外，从团雾的空间尺度上看，76%的团雾空间尺度在10 km以下，59%的团雾空间尺度在5 km以下，其中空间尺度小于1 km的占样本总数的23.83%，1～5 km的占35.18%(表3.2)。

表 3.2　不同空间尺度高速公路团雾个例样本分布

空间尺度	样本数	占样本总数比例
<1 km	168	23.83%
1～5 km	248	35.18%
6～10 km	120	17.02%
11～20 km	169	23.97%

综上所述,河北省高速公路团雾事件多发于东部和南部平原地区,空间尺度大多小于 10 km。绘制河北省高速公路团雾空间分布图发现,沿海高速、京沪高速、荣乌高速、大广高速京南路段、京石高速、青兰高速邯郸以西路段均为团雾易发路段。

3.3　高速公路沿线路面温度分布特征

高速公路路面温度具有明显的日变化特征。选取保定、望都和正定 3 站 2007 年 12 月—2009 年 11 月逐分钟路面温度监测资料,分析京石高速公路路面温度的分布特征。

3.3.1　路面温度的日变化

分别选取夏、冬两季明显的多降水时段和无降水时段,做出各时段平均的逐小时路面温度和气温的变化趋势图,分析典型时期路面温度的日变化特征及其与气温变化的对比关系,发现冬季路面最低温度出现在无降雪时段,夏季路面最高温度出现在无降雨时段。统计冬季无降雪时段(2009 年 1 月 1—10 日)和夏季无降雨时段(2009 年 6 月 20—30 日)气温和路面温度变化可以看出,路面温度与气温均在早晨达到最低值,随后呈上升趋势,在午后达到最高值后又开始下降(图 3.30)。路面温度与气温最低值出现的时间基本相同,都在日出后 1.5 h 左右,但是路面温度的最低值比气温最低值低 1～2 ℃。二者最高值出现的时间有所不同,路面温度在 15 时左右首先达到最高值,比气温的最高值大约早 1 h,并且最高值明显高于气温的最高值。路面温度在达到最高值之后即明显下降,而气温则是在最高值附近持续了一段时间,在日落后才明显下降(图 3.30a)。夏季路面温度的最低值与气温的最低值在出现时间和数值上都几乎相同。路面温度的最高值出现时间比气温早大约 2 h,并且路面温度的最高值较气温最高值高约 15 ℃(图 3.30b)。综合冬夏季的多雨时段(图略)总体分析,无论是冬季还是夏季,无论是阴雨天还是晴天,平均后的逐小时路面温度的变化与气温的日变化规律很相近,路面温度日最高值出现在午后,较气温最高值稍早一些,并且高于气温最高值。这是由于白天地表在吸收太阳短波辐射后迅速增温,再通过地气相互作用加热空气,因此路面温度高于气温并且比气温到达最高值的时间早。而夜间路面长波辐射降温致使路面温度与气温基本在早晨同时达到最低值,并且数值差异不大。

3.3.2　路面温度的空间分布特征

分析夏季日最高路面温度和冬季日最低路面温度的逐日变化(图略)可以看出,夏季,正定的最高路面温度较其他两站高,最大路面温度差值可达 12 ℃,并且最大值基本出现在 6 月下旬至 7 月上旬。冬季,保定的最低路面温度较其他两站低,但是 3 站的差值不大,均在 3 ℃以

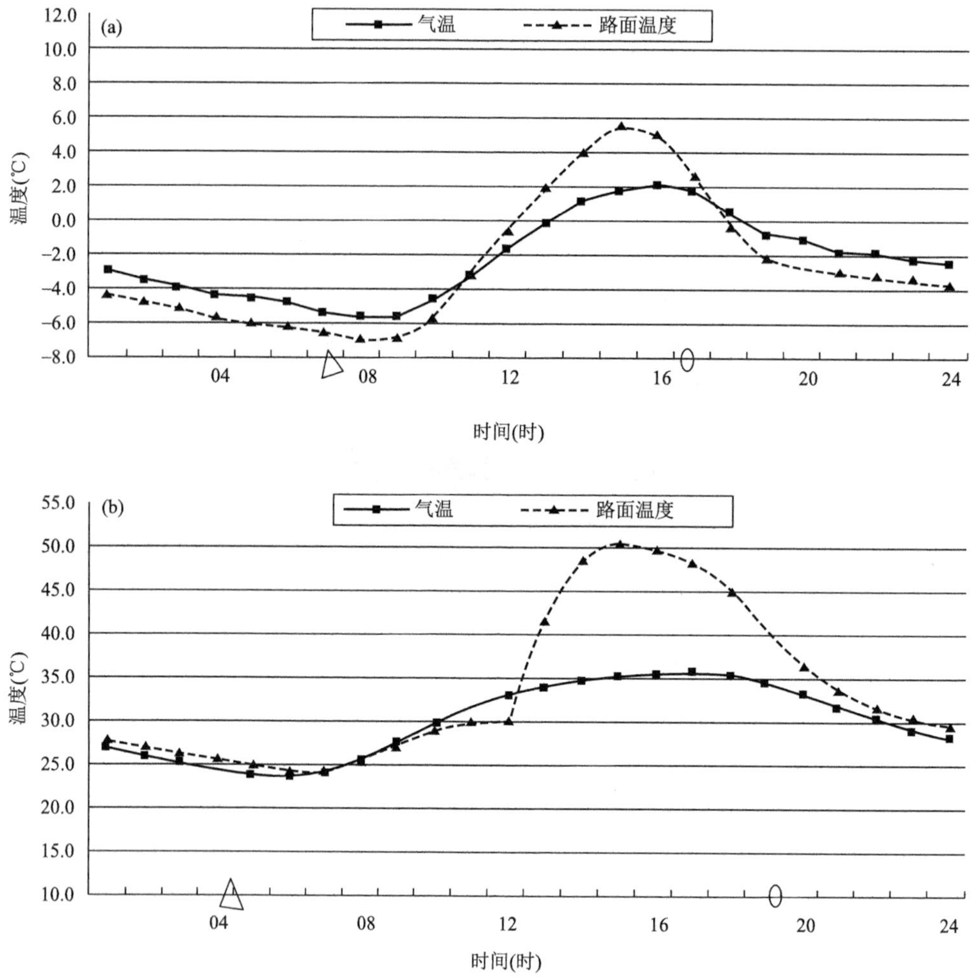

图 3.30　逐小时气温与路面温度的对比趋势线

（a. 2009 年 1 月 1—10 日为冬季无降雪时段；b. 2009 年 6 月 20—30 日为夏季无降雨时段）

“△”为日出时间，“0”为日落时间

内。冬季路面温度的低值多出现在 1 月，1 月下旬最低。经分析，由于 3 站的海拔高度不同，观测环境也不尽相同，因此，气温和路面温度的空间分布差异可能是地形、观测环境等因素共同作用的结果，在今后的业务应用中应加以考虑并进一步分析。

3.3.3　高速公路路面温度观测试验结果分析

2017 年在京昆高速公路未通车的某个路段（位于正定境内）利用红外测温仪开展高速公路路面和桥面温度对比观测试验，冬季桥面选取两个观测点，分别是有地基处（桥面 1）和悬空处（桥面 2），夏季桥面选取一个观测点，样本分布见表 3.3。

2 月 21 日：10 时观测到有零星小雪，之后转为霰，再转零星小雪，中间时有停歇。12 时 20 分雪花变大，路面开始变湿，14 时观测到路面湿滑并有少量积水，14 时 46 分观测到路面有水和雪的混合物，15 时 18 分路面温度为 0 ℃。17 时 53 分—18 时 11 分路面两侧应急车道的温度比路中央低 0.4～0.5 ℃，而桥面则相反，应急车道温度比路中央温度高 0.5 ℃左右。

表 3.3　高速公路路面温度观测试验观测数据样本分布

季节	日期	天气类型	样本数(1 min 间隔)
冬季	2月21日	降雪	路面:553 桥面:1106
	2月28日	晴	路面:642 桥面:1284
夏季	6月22—23日	降水	路面:1768 桥面:1768
	7月3—5日	高温	路面:3459 桥面:3459
	7月11—13日	高温	路面:3507 桥面:3534

路桥面(即路面和桥面)温度表现为,桥面1和2观测到的温度一直高于路面温度。09时40分之前路面温度、桥面温度1和2、气温、地表温度都呈上升趋势,之后气温一直呈下降趋势,地表温度在16时之前基本低于路面和桥面温度,之后开始高于路面和桥面温度(图3.31),这是由于地表下垫面厚,放热慢,而路面和桥面放热快,温度下降快。

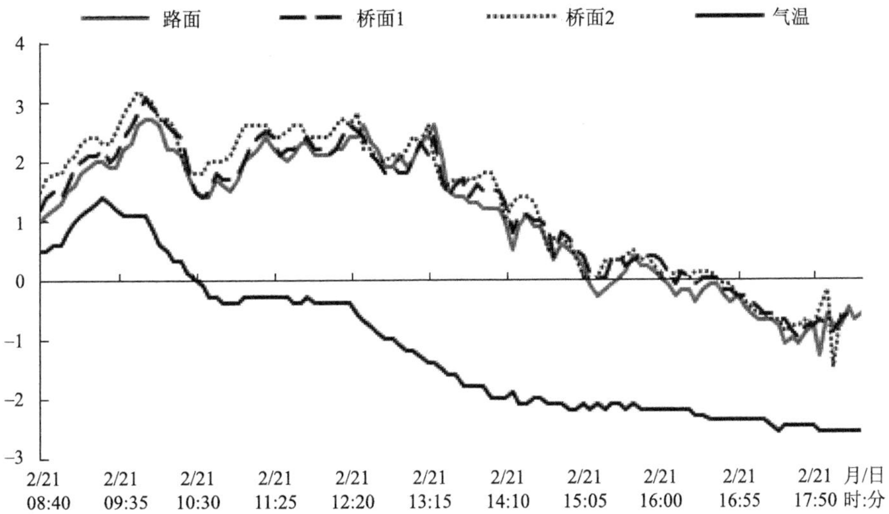

图 3.31　2月21日降雪过程路桥面温度及气温变化曲线(单位:℃)

2月28日:该日天气晴,从图3.32可见,在09时30分之前和17时以后气温高于高速公路路面和桥面温度。白天时段气温较路桥面温度低,路桥面温度在13时左右达到最高,较气温高10 ℃左右。冬季晴空条件下,路面温度略低于桥面温度,桥面悬空处较有地基处略低。

6月22—23日:观测地点出现一次强降水过程,主要降水出现在22日,有降水时,路面温度基本略高于桥面温度。22日白天,由于有降水,天空云量多,路面、桥面温度变化不大,一直维持在20～24 ℃,降水结束后23日早晨开始升高,并且路面温度高于桥面温度的幅度开始加大,说明有太阳直射时路面升温速度大于桥面,路面最高温度达42 ℃左右(图3.33)。

7月3—5日:这是一次高温天气过程。气温最高值出现时间落后于路面、桥面温度。路面和桥面的最高温度为50～55 ℃,较气温高18 ℃左右(图3.34)。

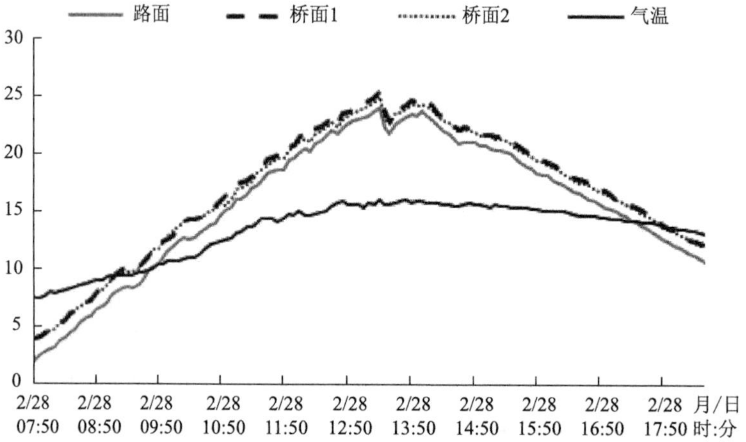

图 3.32　2 月 28 日晴空过程路桥面温度及气温变化曲线(单位:℃)

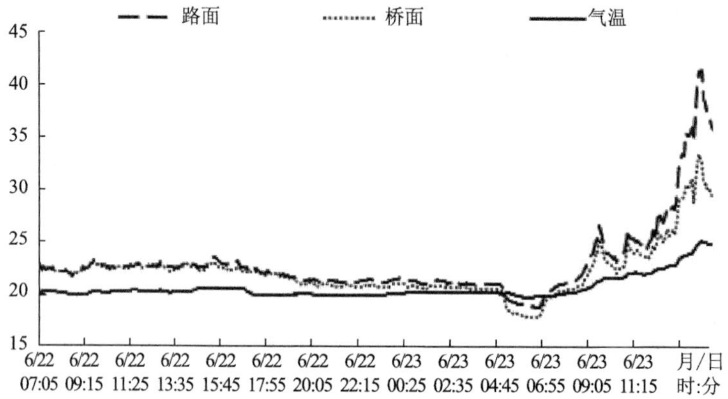

图 3.33　6 月 22—23 日降雨过程路桥面温度及气温变化曲线(单位:℃)

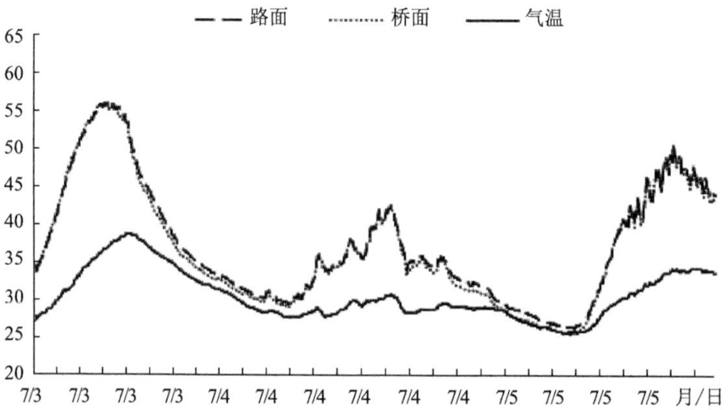

图 3.34　7 月 3—5 日高温过程路桥面温度及气温变化曲线(单位:℃)

第4章 高速公路交通气象观测技术

4.1 高速公路气象观测站布局

4.1.1 布局原则

高度重视气象条件对公路交通运输的影响，以公路交通部门和公众需求为牵引，不断提高公路网的交通运输质量和通行能力，减少或避免因气象灾害引发的交通事故和无效封路时间，切实做好为社会大众提供及时、准确的交通气象服务信息。

依据河北省公路沿线的天气气候特征，综合考虑各路沿线交通事故情况、车流量、设备造价等因素，以满足需求、节约成本、最大程度发挥气象观测站的作用为目的，科学布局，优化设计，合理确定交通气象观测站的布设密度和观测项目。在实施过程中，以国家高速公路为主、国省干线为辅、其他公路为补充，逐步建立和完善公路气象观测网。

布设密度方面，采取"区域有别、均匀分布、重点加密"的规划布点策略。对国家高速公路的重要路段、恶劣气象条件路段(特别是局地性浓雾、结冰等频发路段)、大型桥梁、隧道、互通立交等公路节点和路段，需要重点布设或加密布设观测站点。按照国家公路气象观测网布局发展规划和中国气象局、交通运输部联合下发的"公路交通气象观测站网建设技术要求(试行)"的要求，河北省属于路网密度和人口密度较大，低能见度(浓雾)、强降水、积雪、结冰等灾害性天气多发的区域，国家高速公路气象观测站普通站的平均布设密度应达到 20 km。按照河北省大雾、冰雪、大风等灾害性天气的分布特征，以及高速公路沿线因气象条件造成的事故分布特征和高速公路车流量等信息，实现高速公路沿线气象观测全覆盖，在东南部平原地区重点加密对雾的观测，在中北部区域重点加密对冰雪、大风等灾害性天气的观测，实现局地观测站的加密布设。高速公路交通气象观测站网应遵循统一的技术标准和规范。

对于局地站观测要素的选择应根据不同高速沿线的气候背景及地理环境进行合理选择。根据河北省大雾、结冰和大风灾情的气候区划情况，河北省的中南部平原地区为大雾多发地区，尤其是保定东部、石家庄东部、衡水中西部、邢台中东部、邯郸中东部，为大雾天气多发的重点区域，上述区域高速公路沿线的局地站应重点对能见度进行加密观测。由于能见度的监测经常受到蜘蛛网和昆虫的干扰，夏季频繁出现虚假的能见度数值，且公路沿线小尺度团雾频繁发生在后半夜至凌晨，难以排除虚假能见度观测值，因此不再布设单能见度气象观测站，而是配合温湿度传感器以及风速与风向传感器建设。河北省北部张家口、承德、保定北部、秦皇岛北部、唐山北部为冰雪多发地区，应着重对路面状况进行观测，这些地区的局地站应以路面状况传感器为主，为保证路面状况的准确性，可配合路面温度、气温、降水等传感器。对于张家口、承德等大风多发地区和太行山、燕山等山区易出现局地大风的区域，以及易受横风影响的线路，应布设局地站对大风进行加密观测。对于同时受多种气象灾害影响的路段在设计局地站时应统筹兼顾。

4.1.2 观测要素选择

根据《公路交通气象观测站网建设技术要求》，普通站的布设主要是为满足路线、路网层次的气象信息需求，起到加密和补充气象观测网的作用，支持公路及其沿线天气状况的监测与预报，以提高天气预报的准确性和精细程度，特别是对于开展公路沿线的精细化预报具有重要意义。观测要素包括气温、相对湿度、风速、风向、降水、能见度、天气现象、路面温度、路面状况、冰点温度、融雪剂浓度等。

通过对气候历史背景资料的分析，就河北而言，对高速公路影响最严重、最频繁的灾害性天气当属大雾(平原地区部分高速公路年平均雾日最多可达 30～40 d)，其次是冰雪、强降雨等，冰雪和强降雨对高速公路路况的影响可借助路温要素来反映，也可大大减少使用路面状况传感器造成的高成本。至少选用八要素(能见度、气温、相对湿度、风向、风速、降水、0 cm 路温、10 cm 路温)的交通气象监测站，在冰雪高发路段，适当布设一些九要素气象监测站(能见度、气温、相对湿度、风向、风速、降水、0 cm 路温、10 cm 路温、路面状况)，天气现象传感器可在高速公路沿线大雾、雨雪多发，且视频监控稀疏的路段适当布设。

综上分析，共有四种类型的交通气象观测站，分别是八要素气象监测站，实现对能见度、气温、相对湿度、风向、风速、降水、0 cm 路温、10 cm 路温监测；九要素气象监测站，实现对能见度、气温、相对湿度、风向、风速、降水、0 cm 路温、10 cm 路温、路面状况(遥感式)或天气现象的监测；十要素气象监测站，实现对能见度、气温、相对湿度、风向、风速、降水、0 cm 路温、10 cm 路温、路面状况(遥感式)、天气现象的监测；十一要素气象观测站较十要素气象观测站增加路面积水观测要素。

4.1.3 河北省交通气象观测站分布

按照交通气象观测站布设原则，由河北省交通部门与气象部门联合，已在交通气象灾害高发路段和监测站密度稀疏的路段规划已经布设交通气象观测站 182 套，实现平均观测密度达到 12 km，在浓雾多发的高速路段能见度的观测密度达到 6～8 km，在冰雪多发的路段，路面状况的平均布设密度在 30 km 左右(图 4.1)。

未来三年，计划在试点高速公路沿线 3 km 范围内的区域气象站增加能见度观测设备，结合基于人工智能的图像识别反演能见度技术，提升重点高速公路沿线能见度观测能力。图 4.2 为京秦高速公路沿线可供增设能见度观测的站点分布图。

4.2 高速公路能见度观测数据质量检查和控制方法

河北省交通气象观测站能见度传感器采用的是 JTN-2B 型前向散射能见度仪，它的工作原理是：利用光的前向散射原理，采用微处理器控制，发出红外光脉冲，并测量大气中悬浮粒子的前向散射光强度，采用适当的算法将测量值转换成气象能见度值。能见度仪的数据监测和采集频率为 1 min，测量范围为 5～10000 m，对于 2000 m 以下的能见度观测值测量误差小于 10%。

自 2007 年河北省气象局自主投资在京港澳高速京石段建成 4 套交通气象观测站后，2009

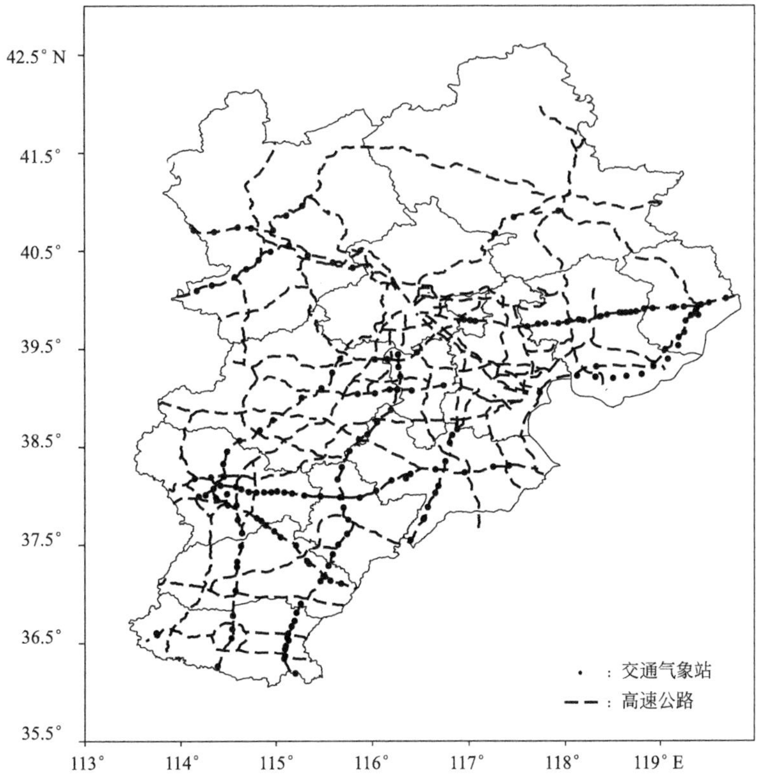

图 4.1　京津冀高速公路自动气象观测站分布

图 4.2　京秦高速公路沿线可供增设能见度观测的站点分布

（数字代表站点与高速公路的距离）

年起，河北省气象局与省高速公路管理局又分 3 期工程分别在省内 10 条高速公路沿线建成 99 套交通气象观测站，每套交通气象观测站均具有能见度观测能力。截至 2012 年年底，河北省气象与交通部门合作，已在河北境内 11 条高速公路沿线建成 103 套交通气象观测站，初步实现了对能见度等气象要素的实时监测。对于较早建成的 47 套交通气象观测站，选取 2009 年 8 月—2013 年 6 月的逐分钟能见度气象监测数据。3 期工程的 56 套交通气象观测站，选取 2012 年 9 月—2013 年 6 月的逐分钟能见度监测数据。同时选取相应时段内交通气象观测站本站或其周边距离最近的自动气象站的气温、相对湿度、降水量、风向、风速等气象监测数据进行数据质量检查方法的研究。

4.2.1 能见度气象监测数据质量问题

通过对样本数据的分析发现，能见度气象监测数据的质量问题主要有以下 3 种情况：一是通信中断、通电中断、设备被盗、蓄电池休眠、数据接收软件非正常关闭等情况造成的数据上传延迟或缺失；二是能见度监测数据与天气形势和环流背景明显不相符，例如，2010 年 1 月 19 日 16 时 40 分(图 4.3)，京秦高速和沿海高速绝大多数交通气象观测站的能见度都在 500 m 以下，有些甚至在 100 m 以下，但是沿海高速抚宁南站的能见度数据却是 10000 m，经过与气象自动站及人工观测资料核实，发现这天秦皇岛地区(包括抚宁)、唐山地区出现大雾，因此这个数据是不正确的；三是能见度监测数据呈现跳跃式变化趋势(图 4.4)，监测数值在短短几分钟内可由 10000 m 陡降至几百米以下，然后又在极短的时间内升至 10000 m，不符合能见度的变化规律。

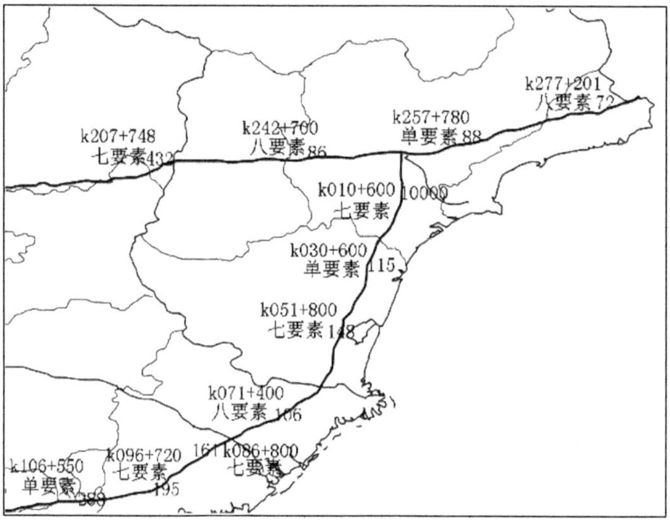

图 4.3　2010 年 1 月 19 日 16 时 40 分京秦、沿海高速能见度空间分布

4.2.2 能见度监测数据质量检查方法

4.2.2.1 允许值检查

JTN-2B 型前向散射能见度仪，它的有效测量范围是 5～10000 m。因此对于超出这个范围的数据直接作为错误数据处理。

4.2.2.2 时间一致性检查

时间一致性检查要求气象要素的变化在时间上具有连续性。能见度监测数据在时间上具

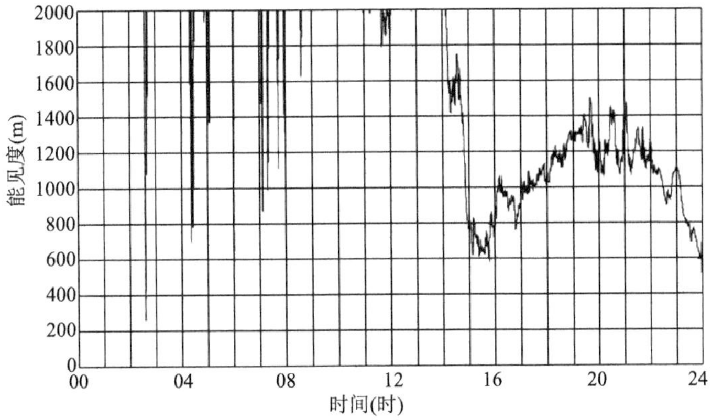

图 4.4　2010 年 3 月 14 日青银高速赵县南站能见度时间曲线

有一定的连续性，即便对于爆发性浓雾来说，能见度的陡降也会有一定的数值变化区间和时间范围。经统计，能见度的分钟级变量应小于 300 m，且当能见度随时间呈下降趋势时，低值持续的时间应大于 3 min(表 4.1)。这个指标可用于剔除图 4.4 中的能见度数据质量问题。

表 4.1　能见度监测数据时间一致性检查指标

质量控制结果	能见度数据分钟级变量	低值持续时间
怀疑值	300～500 m	＜5 min
错误值	＞500 m	＜3 min

4.2.2.3　内部一致性检查

对样本数据进行分析发现，造成 500 m 以下低能见度的天气主要为雾和强降雨，沙尘天气无有效样本。本节采用的内部一致性检查主要是检查能见度监测数据与本站相对湿度、风速、降雨量等气象要素的一致性，对于单要素(只具备能见度观测能力)气象监测站，选取其周边距其最近的自动气象站或加密雨量站同一时次气象要素监测数据进行指标统计。

(1)雾造成的低能见度内部一致性检查

通过分析高速公路周边气象台站的观测资料，在确定出雾的前提下，规定任何一条高速公路上有任意一个交通气象观测站监测到能见度 $V \leqslant 500$ m 为一个雾日。分别选出 $200 \leqslant V \leqslant 500$ m、$50 \leqslant V < 200$ m 和 $V < 50$ m 的样本数各 387 d、218 d 和 102 d，共 707 d。统计得出，对于 $200 \leqslant V \leqslant 500$ m 的低能见度，相对湿度应在 82%以上，风速＜4.2 m/s；对于 $50 \leqslant V < 200$ m 的低能见度，相对湿度应在 88%以上，风速＜2.8 m/s；对于 $V < 50$ m 的低能见度，相对湿度应在 93%以上，风速＜1.9 m/s。

(2)强降雨造成的低能见度内部一致性检查

在样本数据中选出 $V \leqslant 500$ m 的降雨日，共得到 24582 个分钟级数据，其中 $200 \leqslant V \leqslant 500$ m 的样本数为 15978 个，$50 \leqslant V < 200$ m 的样本数为 8604 个，$V < 50$ m 的样本数为 0。统计发现，强降雨要造成低能见度，前提是必须达到一定的雨强。对于 $200 \leqslant V \leqslant 500$ m 的低能见度，分钟降雨量达到 0.4 mm，而对于 $V < 200$ m 的低能见度，分钟降雨量应不小于 1.0 mm。

4.2.2.4 空间一致性检查

岳艳霞等(2009)指出,空间一致性检查有 Madsen-llerup 和曲线对比 2 种方法。由于高速公路气象监测站呈线型不均匀分布,且密度较小,因此基于要素空间分布均匀原理,利用邻近台站同一时间观测值进行插值的 Madsen-llerup 方法并不适用于高速公路气象监测数据的质量控制。

在进行能见度气象监测数据的空间一致性检查时,一是采用曲线对比方法,通过对比相邻交通气象观测站或气象站能见度曲线,对能见度监测数据的曲线进行检查,这种方法不适用于能见度监测数据的实时质量检查和控制,但可用于阶段性质量检查和控制。在实际应用时,主要对比能见度曲线的数值范围和变化趋势,对于怀疑的数据,应结合时间一致性检查、内部一致性检查等方法或指标进一步确认。针对样本数据通过曲线对比法检查出 155 例怀疑数据。其中 142 例符合前面所讲的指标,经证实为蜘蛛网干扰造成的虚假低能见度。12 例符合表 4.1 的指标,属于图 4.4 中列举的跳跃式变化的错误数据。另外 1 例为局地浓雾造成的低能见度,属于准确值。二是针对交通高影响的低能见度监测数据,可检查能见度监测数据与大尺度环流形势的一致性。对于河北而言,绝大多数低能见度都是由雾造成的,因此首先可检查大尺度环流背景是否具备出现雾的条件(如地面天气形势是否为高压前部型、锋前低压型、均压场型和华北地形槽型等),如果不符合,则可进一步判断环流形势是否利于强降雨或沙尘天气的出现,若均不符合,则可将低能见度数据作为怀疑值处理。

4.2.2.5 人为识别法

人为识别法很大程度上依赖于预报服务人员的经验。例如在夏季,发现能见度监测数据长时间持续在低值状态而没有明显的变化趋势,这时应对数据的准确性表示怀疑,可结合其他质量检查方法对数据准确性进行检查。另外,由于能见度监测数据的采集和传输频率为 1 min,数据量十分庞大,因此针对其他能见度质量检查方法漏检的数据可采用人为识别法。

4.2.3 能见度质量检查应用

在日常业务中,通常用允许值检查、时间一致性检查、内部一致性检查、空间一致性检查、人为识别法等方法对能见度气象监测数据进行质量检查,并将数据按准确值、怀疑值、错误值和缺测值进行标识。除通电中断等造成的数据缺测外,大部分数据均为准确值,占 95.75%,怀疑值占 2.42%,错误值占 1.83%。研究表明,对河北而言,低于 500 m 的低能见度若是由雾造成,则相对湿度应在 82%以上,风速<4.2 m/s;若是由强降雨造成,则雨强应不小于 0.4 mm/min。由此检查出夏秋季节由于蜘蛛网干扰造成的虚假低能见度情况有 142 例,主要存在于京秦、沿海 2 条处于山区路段高速沿线的 3 套自动站。

虽然得出了高速公路能见度气象监测数据的一些质量检查方法,但是由于交通气象观测站处于野外无人看管状态,受外界干扰严重,同时有 19 套交通气象观测站为单要素气象监测站,因此质量检查方法和指标在今后的业务应用中还有待进一步完善和检验。

4.3 高速公路路面状况观测数据质量检查和控制方法

河北省交通气象观测站路面状况传感器采用的是 IRS-21 型路面状况传感器,它是一种新型的路面状况监测仪器，能够自动监测路面状态并将所测数据实时传输给系统控制端。它采用全被动工作方式，内嵌在路面之中，由表层温度测量元件、多频测量元件、含盐度和冰点温度测量元件以及传感器表面水膜厚度的测量元件组成，使用校正系数，计算出可能的路面状况。

路面状况传感器的数据监测频率为 2 min，并同步传输给交通气象观测站的数据采集器，通过无线 GPRS/CDMA 方式实时传送至气象部门的数据服务器，同时通过带宽为 2 M 的 VPN(Virtual Private Network，虚拟专用网络)数据传输专网实现与交通部门的资料实时共享。数据传输延时在 1 min 以内。

本节针对 2009 年 8 月—2010 年 7 月一年的路面状况监测数据及其内部原始数据存在的质量问题进行阶段性质量控制方法探讨。

4.3.1　路面状况监测数据质量检查方法

IRS-21 型路面状况传感器可监测到的路面状况包括干燥、潮、湿、湿泞、残盐、雪霜、结冰 7 种。路面状况监测数据是以路面内部温度、水膜厚度等原始数据为基础，通过内部算法并使用校正系数给出的结果。

路面状况数据具有一定的空间地理分布特征和季节分布特征。“结冰”和“残盐”状态的空间地理分布特征最显著。如京秦和沿海高速公路地处河北省东北部，冬季气温较省中南部明显偏低，降雪偏多。以监测到的路面状况为“结冰”，且该站近两日有较明显降水，同时气温≤0 ℃粗略地作为一个结冰日的指标，统计 2009 年冬季路面状况数据，发现河北省东北部 2 条高速公路的结冰日数为中南部 4 条高速公路的 4 倍之多。“残盐”状态极少出现，只在濒临海域的沿海高速公路沿线监测到，在地处内陆的高速公路沿线没有监测到这种状态。“湿泞”“雪霜”和“结冰”3 种状态具有明显的季节分布特征。“结冰”主要出现在冬季，晚秋和初春时节有时也会出现。“雪霜”出现在春、秋、冬三季。持续 1 h 以上的“湿泞”状态绝大多数出现在结冰前或结冰融化阶段。其他路面状况的季节变化不明显。

通过对一年的路面状况监测数据进行分析，发现影响数据质量的主要问题有供电中断、网络中断等造成的数据上传延迟和缺测；状态不连续地变化，比如路面状况没有经过“潮”“湿”等中间过渡状态直接从“干燥”(“结冰”)跳跃成“结冰”(“干燥”)状态；路面内部温度和水膜厚度等原始数据与路面最终状态不一致等。

4.3.2　路面状况监测数据质量控制方法

4.3.2.1　状态允许值检查

当传感器无法识别当前路面状况或原始数据超出规定范围时，会给出“None”值。对于超过上述 7 种状态值的其他状态均作为错误值处理。传感器自身计算路面状态时用到的路面内部温度和水膜厚度等原始数据，其正常取值范围如表 4.2 所示。当超出正常范围时将原始数据本身作为错误值处理。

表 4.2　路面状况传感器主要参数设置

要素名称	取值范围
内部温度	−20～60 ℃
水膜厚度	0～250 μm

4.3.2.2 状态连续性检查

状态连续性检查是时间序列检查的方式之一，要求要素的变化在时间上具有连续性。路面状况的变化应该是一个连续的过程。如出现降雨时，路面状况应首先表现为“潮”，逐渐过渡为“湿”。出现雨转雪或降雪的情况，在“结冰”出现前，应监测到“潮”“湿”或“湿泞”等过渡状态。而积雪和结冰融化时应经过“湿泞”或“湿”等状态最终变为“干燥”。“残盐”状态与其他路面状态的连续性不明显。统计一年的数据发现，未经过中间过渡状态发生跳跃性变化的情况主要是路面状态由“干燥”（“结冰”）直接变成“结冰”（“干燥”），这种情况应作为错误数据处理。

据外场监测试验证实，当气温低于 0 ℃且出现降水时，在降水初期，路面温度低于气温，路面状况传感器表面覆盖的水层较薄，因此水层下部靠近路面处会首先结成一个薄的冰层，薄冰层的膨胀使得传感器探头与冰层短时间脱离接触，此时传感器会得出“干燥”状态。随着降水的持续，冰层厚度逐渐增厚，传感器探头将会与冰层接触，监测到“结冰”状态。因此，在降水开始到发生明显结冰之间路面状况传感器监测到的短时的“干燥”状态可用“结冰”替换。

4.3.2.3 内部一致性检查

内部一致性检查主要是检查路面状况与其内部原始数据的一致性。首先通过状态连续性检查确定内部原始数据是否在允许范围。对于在允许范围内的，进一步检查其对应的路面状况的一致性。对样本数据进行统计和分析初步得出各种路面状况对应的水膜厚度和内部温度的取值范围（表 4.3）。可见，当路面状况传感器监测到的水膜厚度为 0 时，不管内部温度为多少，其最终给出的路面状况应为“干燥”。而“潮”“湿”“湿泞”和“结冰”几种状态对应的水膜厚度大于 6 μm，尤其是出现结冰时内部温度一般低于－2 ℃。由于“雪霜”状态的样本极少，因此没有统计出其对应原始数据的取值范围。对于原始数据不在允许范围内的，其对应的路面状态应作为怀疑值处理。如 2010 年 7 月 29 日 02 时 18 分沿海高速的唐海站监测到的内部温度为 206.1 ℃，水膜厚度为 3214.7 μm，这两个原始数据均超出其监测范围，虽然最终的路面状况值是“潮”，这显然是一个怀疑值。

表 4.3 各种路面状况对应的内部原始数据取值范围

路面状态	内部温度取值范围(℃)	水膜厚度取值范围(μm)
干燥	－20～60	0
潮	－20～60	8～67
湿	－2～60	68～250
雪霜	不详	不详
残盐	－20～60	0～250
结冰	≤－2	6～250

4.3.2.4 空间一致性检查

由于高速公路路面状况传感器并非像常规气象自动站那样呈区域性较高密度的分布，而是呈线型不均匀分布，且密度较小，因此基于要素空间分布均匀原理，利用邻近台站同一时间观测值进行插值的 Madsen-llerup 方法并不适用于高速公路路面状况监测数据的质量控制。

曲线对比方法则可一定程度上用于路面状况监测数据的质量控制。高速公路沿线附近气温、路面温度和雨量筒的布设密度较路面状况传感器密，而且可配合使用省内区域加密自动气象站（降水和气温两要素）同一时段的观测值，通过对比相邻台站的气温和降水曲线，检查路面状况传感器所在位置的气温和降水数据，可间接对路面状况值进行判断。

4.3.2.5　数据完整性检查

对于由通信、供电等故障引起的短时间的数据缺测，如果天气条件比较简单，比如持续无降水，可以通过数据中断前后的状态对其进行赋值。如果缺测时间超过半小时，且天气又比较复杂，人为赋值就不可信了，建议使用交通气象观测站数据采集器的数据补登功能进行数据的补调。数据补登功能可以自动存储一个月的监测数据，供用户补调由于通信故障造成的未正常上传的数据。

4.3.2.6　人为识别法

人为识别法是指气象预报服务人员通过卫星、雷达、自动气象站等现代化气象探测工具和资料对路面状况值进行间接分析，进而做出准确性判断。如通过雷达和卫星资料判断某一监测站所在处没有降水条件，但是监测到的路面状况却是“湿”“湿泞”或“结冰”，这些数据应作为怀疑值处理。另外，与本站气象要素的相关一致性也可用来判断路面状况数据的准确性。由于分析的 8 套路面状况传感器均与温湿度传感器、雨量筒等其他 7 项气象要素传感器配套使用，因此可以通过与路面状况有着很好相关关系的降水量、气温、路面温度等气象要素对路面状况值及其内部原始数据（内部温度、水膜厚度）进行检查。也可通过气象常识进行人为识别。京秦高速抚宁洋河大桥监测站于 2010 年 7 月连续几日监测到“雪霜”状态，夏季出现“雪霜”应作为错误值。

4.3.3　路面状况监测数据质量控制应用

在实际阶段性质量控制工作中，对逐 2 min 的高速公路路面状况监测数据进行类别标志，主要分为正确值、怀疑值、错误值、缺测值和修正值。其中错误值可以通过状态连续性检查和人为识别法进行识别。怀疑值可以通过状态允许值检查、内部一致性检查、空间一致性检查和人为识别法识别。对于怀疑值和错误值应进行订正和标识，同时将原始数据予以保留。

高速公路路面状况监测设备相比于自动气象站，受环境条件和人为因素干扰的概率更大。如行驶的车辆容易碾压到路面状况传感器，使其损坏或破坏其精度。因此路面状况监测数据的质量控制难度更大。上述探讨了几种可行的路面状况监测数据的阶段性质量控制方法，在一定程度上能够满足交通气象服务业务和科研的需求。今后，应使用完善的质量控制系统对路面状况监测数据同时进行实时质量控制，另外，质量控制的效果也有待检验。

4.4　引入 Himawari-8 卫星数据协变量的能见度样条插值方法

Himawari-8（以下简称“H8”）是日本气象厅的第二代静止气象卫星，2014 年 10 月发射成功，2015 年 7 月投入正式业务运行。H8 的常规观测频次为 10 min，其数据的空间分辨率从 0.5～2 km，应用此数据开展地面能见度反演对公共交通、天气过程监测和预警具有重要的现实意义。由于H8卫星具有监测频次高、空间分辨率高等特点，它所提供的连续遥感数据加上地面自动监测站提供的能见度数据使得建立能见度的遥感模型成为可能(刘超 等，2017；王萌 等，2017)。

尝试将H8卫星的通道数据和DEM高程数据作为协变量引入ANUSPLIN的插值算法进行能见度反演，并分析不同天气条件下的反演精度。能见度地面监测数据来源于河北省气象信息中心，京津冀能见度数据来源于各气象站点的地面能见度自动监测仪。选取2017—2019年能见度稍差的大雾和霾天气过程，利用气象站点观测值对能见度进行插值反演。

能见度的大小与雾、霾等天气有明显的相关，为了更加形象、直观地看到插值结果，在ANUSPLIN插值制图过程中，参照了气象学上按水平能见度距离划分雾和霾的等级标准，并将插值反演得到的能见度进行分级(表4.4、表4.5)。

表4.4 雾的等级标准

等级	阈值区间(km)	类型
1	[0,0.05)	强浓雾
2	[0.05,0.2)	浓雾
3	[0.2,0.5)	大雾
4	[0.5,1.0)	雾
5	[1.0,2.0)	过渡期
6	[2.0,+∞)	非雾

表4.5 霾的等级标准

等级	阈值区间(km)	类型
1	[0,2)	重度霾
2	[2,5)	中度霾
3	[5,10)	轻度霾
4	[10,+∞)	非霾

H8遥感数据来源于中国气象局，数据格式为HSD。H8数据有16个通道(表4.6)，包括3个可见光、3个近红外、10个红外通道，常规观测间隔为10 min，对特殊区域或台风天气还可实施区域加密观测，数据的空间分辨率分为0.5 km、1 km、2 km不等。

ANUSPLIN所需的DEM数据要求按ASCII形式书写，需要将栅格形式转换成ASCII格式。DEM数据来源于河北省基础地理信息中心，经重采样后形成河北省1 km×1 km的网格数据，然后转换成ANUSPLIN要求的ASCII格式(钱永兰 等，2010)。

表4.6 H8卫星AHI成像仪参数

	通道	中心波长(μm)	空间分辨率(km)	主要用途
可见光	1	0.47	1.0	白天陆地气溶胶，沿海水域
	2	0.51	1.0	白天水/海洋颜色，检测藻华，与蓝色和红色通道组合可以实现真彩色图像
	3	0.64	0.5	白天云，雾，风

续表

	通道	中心波长(μm)	空间分辨率(km)	主要用途
近红外	4	0.86	1.0	白天植被,燃烧痕迹,海上气溶胶,风
	5	1.60	2.0	白天云顶相态和粒径大小,积雪
	6	2.30	2.0	白天陆地/云属性,粒径大小,植被,雪
短波红外	7	3.90	2.0	地表和云,晚上雾和低云,火,风
中波红外	8	6.20	2.0	高层大气水汽,风,降雨
	9	6.90	2.0	中层大气水汽,风,降雨
	10	7.30	2.0	低层大气水汽,风,二氧化硫
长波红外	11	8.60	2.0	稳定水总量,云相,粉尘,二氧化硫,降雨
	12	9.60	2.0	总柱臭氧,湍流,风
	13	10.40	2.0	地表和云
	14	11.20	2.0	影像,海面温度(SST),云,降雨
	15	12.40	2.0	总柱水蒸气,灰分,SST
	16	13.30	2.0	气温,云高和总量

4.4.1 ANUSPLIN 插值原理与方法

ANUSPLIN 软件基于普通薄盘和局部薄盘样条函数插值理论(刘志红 等,2008),除了可以引入自变量外,还允许引入协变量。局部薄盘光滑样条的理论统计模型公式为

$$z_i = f(\boldsymbol{x}_i) + b^{\mathrm{T}}\boldsymbol{y}_i + e_i (i = 1, \cdots, N) \tag{4.1}$$

式中,z_i 为位于空间 i 点的因变量;$\boldsymbol{x}_i$ 为 p 维样条独立变量矢量;f 为要估算的关于 $\boldsymbol{x}_i$ 未知光滑函数;$\boldsymbol{y}_i$ 为 p 维独立协变量矢量;b 为 $\boldsymbol{y}_i$ 的 p 维系数;e_i 为期望值为 0 和方差为 $\omega_i\sigma^2$ 的自变量随机误差;ω_i 为作为权重的已知相对误差方差;σ^2 为所有数据点上误差方差,但通常未知;T 为转置符号。由式(4.1)可见,当式中缺少第 2 项,即协变量 ($p = 0$) 时,模型简化为普通薄盘光滑样条;当缺少第 1 项独立自变量时,模型变为多元线性回归(ANUSP-LIN 中不允许这种情况出现),函数 f 和系数 b 通过最小二乘估计来确定,即

$$\sum_{i=1}^{N}\left[\frac{z_i - f(\boldsymbol{x}_i) - b^{\mathrm{T}}\boldsymbol{y}_i}{\omega_i}\right]^2 + \rho J_m(f)$$

式中,$J_m(f)$ 为函数 $f(\boldsymbol{x}_i)$ 的粗糙度测度函数,m 在 ANUSPLIN 中称为样条次数,也叫糙度次数;ρ 为正的光滑参数,在数据保真度与曲面的粗糙度之间起平衡作用,在 ANUSPLIN 中通常用广义交叉验证 GCV 的最小化以及最大似然法 GML 的最小化来确定。

对于时间序列气象要素的空间插值,既要保证每个表面的插值精度,又要保证插值模型的相对稳定性,使其在时间连续性上具有可比性。在对研究区不同时间节点的数据进行曲面空间插值过程中,分别选取不同的 DEM 数据与 H8 数据的波段进行组合,参照 ANUSPLIN 的原理及 H8 数据通道特征,经多次试验及验证最终确定以经纬度作为自变量,白天选用 DEM(高程)、CH3、CH5、CH7、CH14 作为协变量(夜间无 CH3、CH5),作为最优方案。

4.4.2 结果分析

选取大雾和霾两种天气过程,对比分析两种天气过程的能见度插值效果,具体日期见表 4.7。

表 4.7　大雾和霾天气过程选择日期

天气过程	选择日期
大雾	2017 年 4 月 20 日、7 月 30 日、10 月 11 日
霾	2018 年 3 月 16—19 日

4.4.2.1　大雾过程

图 4.5 分别为 2017 年 4 月 20 日、7 月 30 日和 10 月 11 日 3 d 的实况数据、未加协变量和加入协变量 3 种情况下的大雾分布图。图 4.6 给出了加入协变量和未加入协变量与实况数据的相关系数，从图中可以看出，2017 年 4 月 20 日、7 月 30 日和 10 月 11 日未加入协变量时的相关系数分别为 0.38、0.38 和 0.36，加入协变量后相关系数分别为 0.91、0.78 和 0.71，加入协变量后的结果与实况数据的相关系数有明显提高，可以得出，加入协变量后的插值效果优于未加协变量的插值效果。

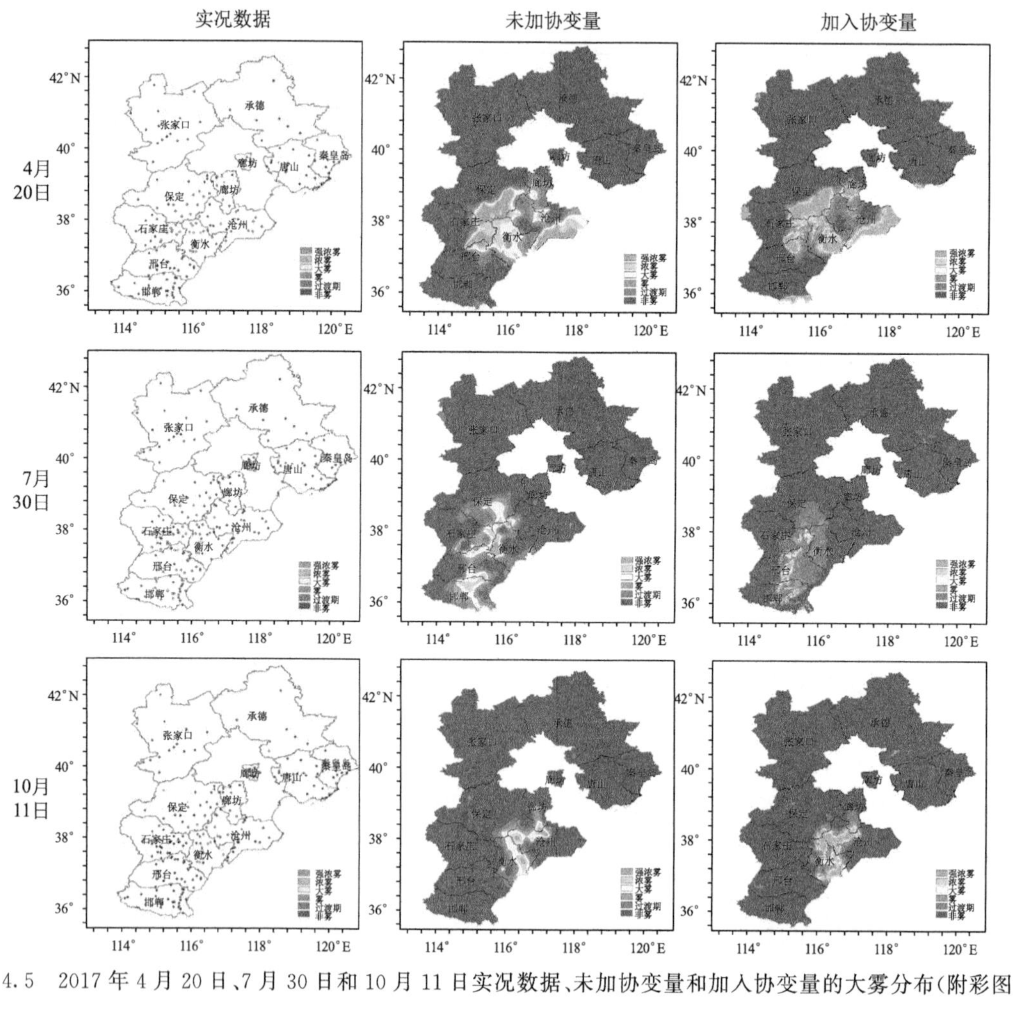

图 4.5　2017 年 4 月 20 日、7 月 30 日和 10 月 11 日实况数据、未加协变量和加入协变量的大雾分布（附彩图）

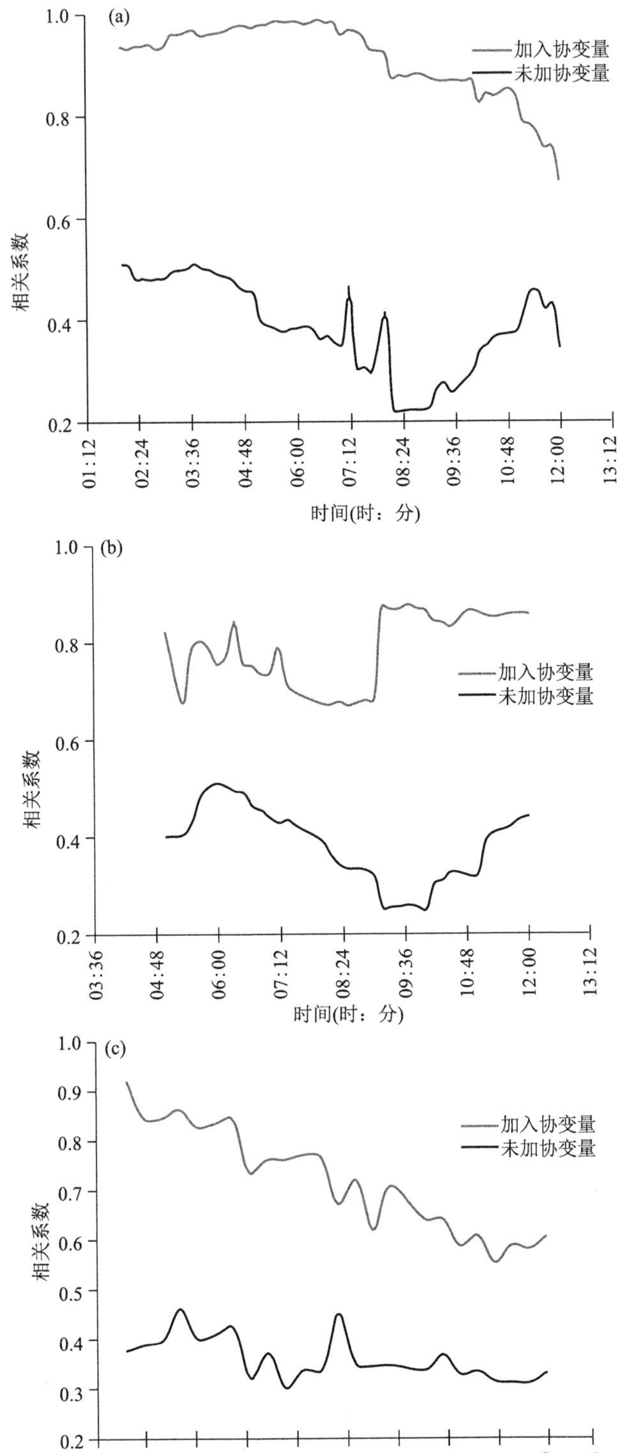

图 4.6　加入协变量和未加入协变量与实况的相关系数

（a. 2017 年 4 月 20 日；b. 2017 年 7 月 30 日；c. 2017 年 10 月 11 日）

图 4.7 为 2019 年 1 月 12 日 13 时未加入协变量和加入协变量的能见度分布图，从图中可以看出，加入协变量反演出衡水、沧州、邢台部分地区已达大雾级别，而未加入协变量反演全省只达到雾级别。通过实况数据发现，13 时能见度最小值出现在邢台市宁晋站，监测值为 362 m，属大雾级别，未加入协变量的反演结果为 670 m(雾)，加入协变量的反演结果为 446 m(大雾)，对极值区域有更好的反映。

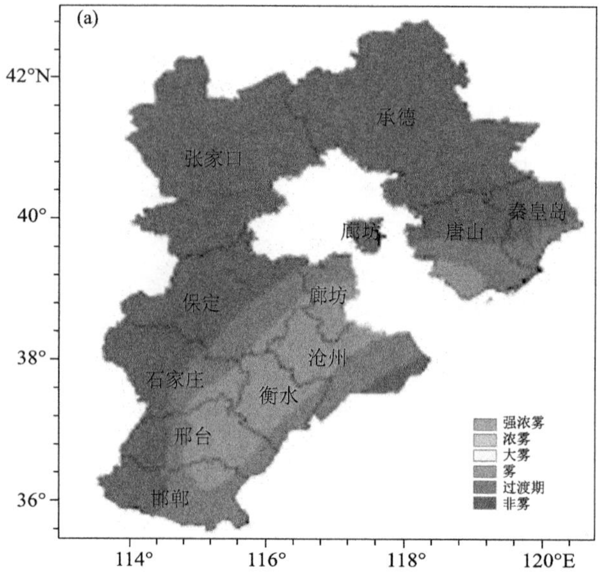

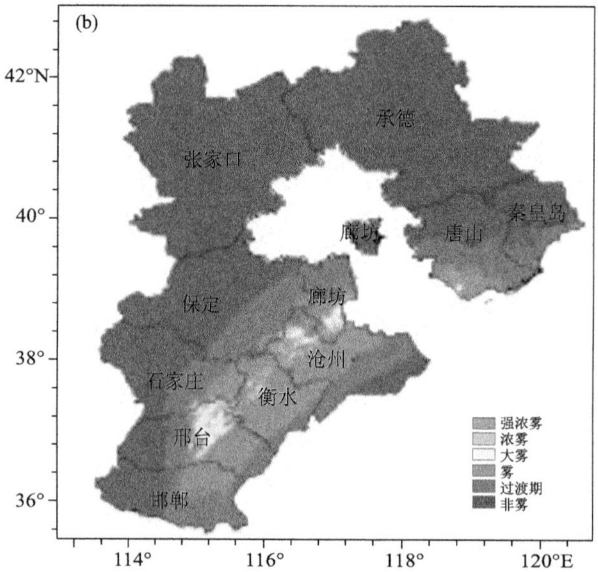

图 4.7　2019 年 1 月 12 日未加入协变量(a)和加入协变量(b)反演结果对比(附彩图)

图 4.8 为饶阳站能见度变化曲线。从图中可以看出，03 时 30 分左右饶阳站开始从轻雾转向雾发展，反演结果在时间上略有提前，能见度低于 500 m 时，反演结果良好，误差在 100 m 以内，能见度处于极低值时，反演结果较实际结果略偏低。对所有站点统计这次雾过程期间的准确率，结果见表 4.8，表中等级差代表反演结果等级与实况等级的差值。从表中可以看出，在出现强浓雾的站点和时次中(等级 1)，反演结果为强浓雾的共占 40%(准确)，反演结果为浓

雾的占 30%(基本准确),反演结果为 1.0～2.0 km 的占 30%(错误),准确率接近 70%;在实况为浓雾的情况,反演结果准确的占 8.5%,反演结果为大雾或强浓雾的占 40.13%,反演结果为雾的占 17.0%,准确率接近 65.6%;对过渡期及非雾情况反演准确率均较高。

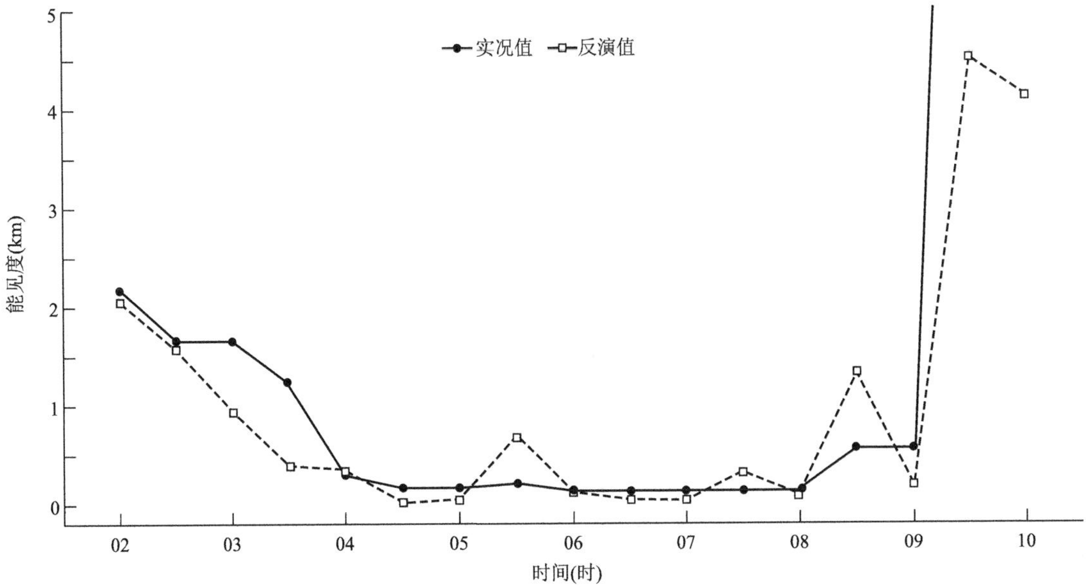

图 4.8 2017 年 4 月 20 日饶阳站能见度变化曲线(09 时后的实况值大于 5 km)

表 4.8 不同等级能见度下的准确率 单位:%

等级	等级差							样本数
	0	1	2	3	4	5	6	
1	40.00	30.00	0.00	0.00	30.00	0.00	0.00	10
2	8.50	40.13	17.00	20.40	13.94	0.00	0.00	294
3	9.61	10.57	44.23	35.57	0.00	0.00	0.00	104
4	16.66	38.88	42.59	1.85	0.00	0.00	0.00	54
5	23.18	63.76	8.69	1.44	2.89	0.00	0.00	138
6	96.24	2.75	0.56	0.30	0.04	0.08	0.00	2290

4.4.2.2 霾天气过程

针对 2018 年 3 月 16—19 日霾天气过程,利用获得的 183 个站点的观测数据,其中 161 个站点的观测数据分别使用协变量方法(通道 3、5、7、14 及 DEM 作为协变量)和只使用观测数据方法进行插值,利用 22 个观测站点对两种插值方法的结果进行检验。可以看出,使用协变量的方法进行插值相比仅对观测值进行插值在精度上有显著提高(图 4.9)。参与检验站点对使用协变量方法和未使用协变量方法的反演结果误差统计见表 4.9、表 4.10,统计误差可以看出,在反演霾级差为 0 的情况下,使用协变量的反演结果准确率在 1、2、3、4 四个霾等级分别为 27%、62%、64% 和 69%,均高于未使用协变量的 18%、45%、37% 和

49%;在反演霾级差≤1 的情况下,使用协变量的反演准确率在 1、2、3、4 四个霾等级均比未使用协变量高 19%、12%、2%和 7%。因此,使用协变量比未使用协变量的插值结果与观测值更为接近。

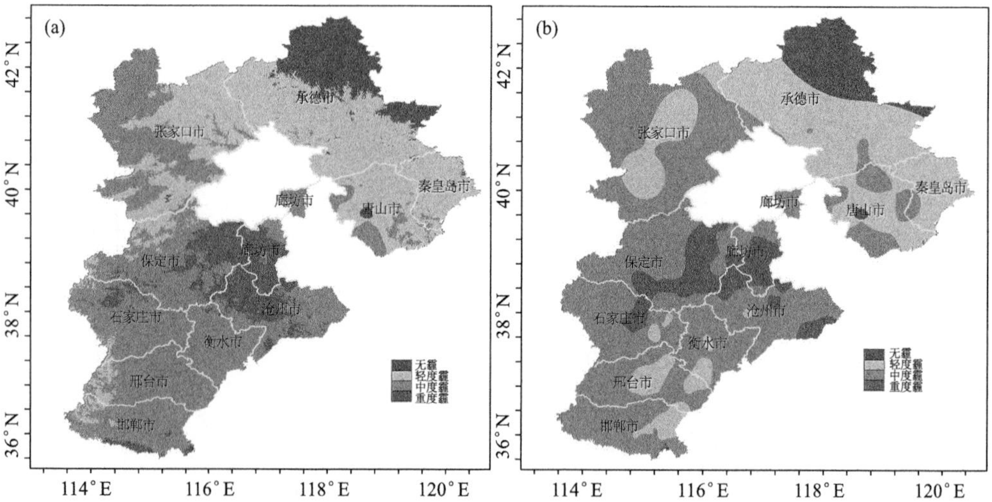

图 4.9 2018 年 3 月 16—19 日霾天气过程采用通道 3、5、7、14 及 DEM 数据插值(a)和只使用观测数据插值(b)反演结果(附彩图)

表 4.9 使用协变量方法检验结果准确率 %[样本个数]

监测等级	预测级差 0	预测级差 1	预测级差 2	预测级差 3	样本数
1	27[3]	55[6]	0[0]	18[2]	11
2	62[115]	36[67]	2[3]	0[0]	185
3	64[226]	36[126]	0[1]	0[0]	353
4	69[288]	29[122]	2[9]	0[0]	419

表 4.10 未使用协变量方法检验结果准确率 %[样本个数]

监测等级	预测级差 0	预测级差 1	预测级差 2	预测级差 3	样本数
1	18[2]	45[5]	18[2]	18[2]	11
2	45[84]	34[63]	21[38]	0[0]	185
3	37[129]	61[217]	2[7]	0[0]	353
4	49[206]	42[175]	9[36]	0[2]	419

第 5 章　高速公路雾预报方法

5.1　雾的分类

雾是由于大量气溶胶粒子、微小水滴和/或冰晶悬浮于空中，使近地面水平能见度降到 1000 m 以下的天气现象，其中能见度在 500 m 以下的雾对高速公路正常通行会产生明显影响。由于特殊地形等因素，河北省特别是中南部平原地区是我国大雾发生频数最多的地区之一，据 2014—2021 年观测数据统计，河北中南部地区年平均雾日可达 10～40 d，个别站点可达 60 d 以上，其中京港澳高速、大广高速、京哈高速、沿海高速沿线均密布大雾高发点位，2014 年京哈高速沿线的唐山段累计雾日达 94 d、大广高速沿线的临西段累计雾日达 92 d，2016 年京港澳高速沿线的沙河段累计雾日达 92 d。大雾频发，严重影响高速公路通行安全和通行效率。

为了更好地掌握河北省大雾的预报思路，提高交通气象服务针对性和精细化程度，了解河北省常见的大雾类型及其形成原因是必要且关键的。据河北省气象台统计，河北省较常见的雾主要有辐射雾、平流辐射雾、平流雾、雨雾等几种，其中又以辐射雾、平流辐射雾出现的频次最高(李江波 等，2020)。成雾的物理过程实质与成云高度相似，都是水汽达到饱和凝结(或凝华)从而形成小水滴(或小冰晶)悬浮在空中，因此雾也被视为接地的层云。简而言之，水汽达到饱和主要有两种途径，一是增加大气中的水汽含量，二是降低温度。以下分别简要介绍辐射雾、平流雾、平流辐射雾、雨雾的形成原因。

5.1.1　辐射雾

辐射雾是由地面及其附近的夜间长波辐射导致降温而引起的一种雾。顾名思义，其成因关键在于辐射降温。夜间地表不再接收太阳短波辐射，同时又以长波辐射的形式向外界散失热量，从而导致降温。大气层中的水汽、云滴、二氧化碳等可以将地表发出的辐射吸收或向下反射，当天空状况晴朗且云滴和水汽含量较少时，通过长波辐射，地表将散失较多热量，因此夜晚晴空条件有利于地表的辐射降温。

地表辐射降温会导致近地层大气冷却。如果此时近地层大气中水汽含量较为充足，通过冷却过程，可以达到饱和，其中的水汽开始在地表凝结为露或霜，进而在近地层大气中凝结形成雾滴。当近地面雾层达到一定厚度时，雾层内部足以将地表发射的辐射显著吸收并向地表返回一定的辐射，此时地表能量支出减少，地表和近地层冷却过程减速或停滞，雾层顶部取代地表成为向上发射长波辐射及冷却最为显著的层次，在水汽充足的情况下，随着雾顶辐射冷却进行，雾层将向上发展，雾体逐渐增厚，直至因湍流混合致使干空气夹卷进入雾层顶部导致的雾滴蒸发、雾体内部雾滴的自然沉降等对雾顶的削减作用，与雾顶辐射冷却对雾层增厚的正向作用相互抵消为止。辐射雾发展过程中，因地表或雾顶辐射降温形成的逆温层阻隔了雾体内水汽、热量与自由大气的垂直交换，从而有利于雾体维持或发展。风力较大时，空气的垂直交换运动增强，不利于地表的持续冷却，因此小风条件利于辐射雾的形成和维持，风速过大则会抑制逆温层和辐射雾的发展。例如，2018 年 4 月 19 日发生于高邑的一次局地浓雾过程中，高邑在 18 日白天的平均风速超过 5 m/s，入夜后逐步降低，19 日凌晨起雾期间，平均风速一直维持在 2 m/s 以下。在实际交通气象服务业务中，以 10 m 平均风速达到或超过 4 m/s 作为辐射雾的消空指标。2016 年 11 月 3 日发生于河北省中南部的大雾属于典型的辐射雾，当天 08 时邢台站探空图如图 5.1 所示，因地面辐射降温形成的逆温层强度极强，逆温层顶高不高，约为 950 hPa，此层气温达 16 ℃，近地面气温为 1 ℃，温差达 15 ℃。雾层局限于近地面极窄高度内，其上温度露点差急剧减小，表明辐射雾形成期间为晴空状态，极有利于地面辐射降温冷却。

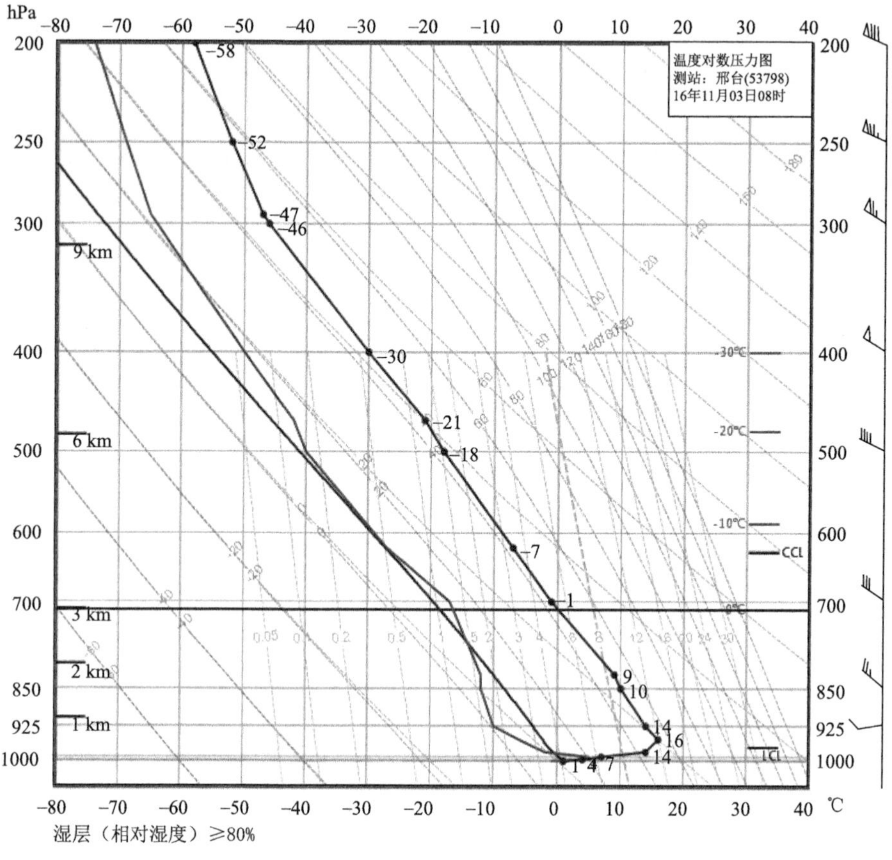

图 5.1　2016 年 11 月 3 日 08 时邢台站探空

当地面受太阳短波辐射影响出现升温时，近地表大气受热脱离饱和状态，雾滴逐渐蒸发，随着雾层变薄，地面入射太阳短波辐射进一步增加，雾层将自下而上加速消散，这是辐射雾最常见的消散原因，也是民间“雾怕晒”谚语的由来。虽然太阳短波辐射入射在辐射雾消散过程中作用显著，但秋冬季节不宜将辐射雾的消散时刻报在日出时或紧邻日出时刻的 30～60 min。业务实践经验表明，辐射雾在日出后维持一段时间，甚至局部浓度增加的现象较为常见。一方面，日出时太阳高度角过低，入射地表的短波辐射能量小于地表发射的长波辐射，因此地表辐射能量收支仍为负，地表温度及气温不会立即上升；另一方面，日出后邻近水体、湿地处的蒸发量比夜间增强，向近地层大气输送更多水汽，在气温没有明显变化时，容易导致近地层大气加速饱和，从而使雾体在短时间内维持甚至发展。

与太阳短波辐射加热作用类似，当辐射雾较薄时，城镇热岛的加热作用也常常使雾体在城区附近出现弱点甚至缺口，这一现象在卫星云图上，尤其是日间可见光云图上较为普遍。值得注意的是，国家级观测站位于城镇热岛区域时可能处于雾体缺口处，站点测得的能见度将高于远离城市热岛的非城镇区域，由于高速公路大部分路段位于非城镇区域，这一现象削弱了国家站能见度观测在高速公路沿线的代表性。图 5.2 给出了发生于 2021 年 2 月 26 日早晨的一次大雾，从 09 时 30 分 H8 卫星多通道合成云图上可以看到，沧州中西部、廊坊南部、保定东部、衡水等地的暖白色区域为雾区，雾区中出现多处缺口，从缺口处可见裸露地表，缺口处地理位置与区县城区相对应。因此实际业务中，结合交通气象观测站、日间高分辨率可见光卫星云图等资料辅助进行精细化的大雾短临气象服务非常重要。

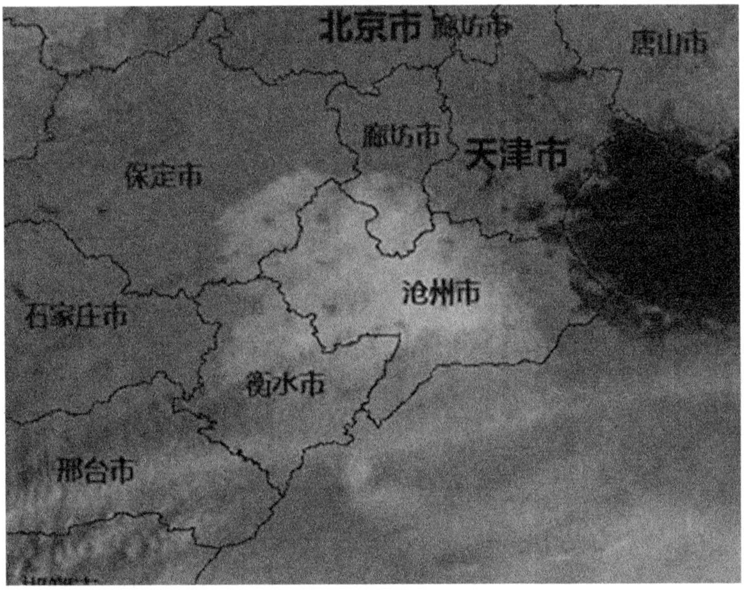

图 5.2　2021 年 2 月 26 日 09 时 30 分 H8 卫星多通道合成云图(附彩图)

当雾顶的风速增大，或整个雾体和低层大气的风速普遍增大时，由于通风作用，大气湍流交换运动会显著增强。这一过程一方面会在雾顶导致更多干空气夹卷进入雾体导致雾滴蒸发，另一方面会加强低层大气垂直方向上的热量交换，从而破坏逆温层，使雾体温度升高，大气脱离饱和状态。此外，因冷空气导致的大风还将通过冷平流作用使逆温层上部降温，从而破坏逆温层。因此风速增大时，辐射雾将趋于消散。

云层对辐射雾的作用因云层高度而异。如果雾体上方覆盖中低云，由于云滴和水汽对雾顶向上发射长波辐射的吸收和反射作用，雾顶辐射冷却将被抑制，从而不利于雾体的维持和发展；如果雾体上方覆盖高云，对雾顶辐射冷却的抑制作用不明显，相反地，日间雾体上方的高云还将在一定程度上削弱入射地表的太阳短波辐射，延缓地表升温和大雾消散。

5.1.2　平流雾

平流雾是暖空气移动到冷的下垫面所形成的雾。与辐射雾的成因相比，平流雾的成因与水汽、逆温层也有显著关联，但水汽供应、逆温形成更多受天气尺度系统动力的驱动，与本地水汽含量多寡、小尺度辐射冷却过程的关联不如辐射雾紧密，成因上的根本区别导致平流雾在日变化及持续时间、发展高度、影响范围等各方面与辐射雾有显著差异。

平流雾比辐射雾对局地气象条件的依赖性低，在日变化方面的表现更为稳定、平缓。平流雾可以在全天任何时段出现，白天消散时间常常显著晚于辐射雾，有时可以维持整个白天而不消散，当天气尺度系统稳定时，平流雾甚至可以维持多日。平流雾的维持时间基本与造成平流雾的天气尺度系统影响持续时间相关联。对河北省而言，驱动平流雾形成的常见天气尺度系统有高空槽、低空反气旋及地面冷高压等，满足平流雾生成的相应位置有高空槽前、低空反气旋及地面冷高压后部的偏南气流影响区域。

平流雾形成时，低层大气也会出现逆温，逆温一方面是暖空气在较冷的下垫面上平流时低层空气不断冷却，另一方面是大尺度的反气旋和下沉运动提供。暖空气与下垫面的温度差越大，反气旋及下沉运动造成的增温越强，逆温层的强度就越强。不同于辐射雾逆温的日夜消长，天气系统稳定维持决定了此类逆温可以稳定存在，这是平流雾白天可以长时间维持的重要原因。

发生于高空槽前的平流雾，低空多存在暖平流(可以看到风向随高度顺转)，有利于弱上升运动的发展，当水汽条件充足时，可以看到平流雾与层云、碎雨云共存，并伴有毛毛雨或零星降雪，这是与单纯辐射雾又一较为明显的不同。但高空槽不能太深，槽前的暖平流不能太强，否则因上升运动较强，会更容易形成云和降水，反而不利于雾的维持和发展。

平流雾的高度随边界层厚度的变化而变化，且往往比辐射雾更高。一些辐射雾可能因为辐射逆温发展的高度较高、水汽较为充足而达到与平流雾接近的高度，但通常情况下，平流雾的低层风往往更强，并且会产生更大的湍流和边界层混合，水汽充足时，较强的湍流和边界层混合可以使湿层发展增厚，因此平流雾的高度往往更高。

相比导致辐射雾的局地因素，平流雾在动力因素的驱动下，可以有规律地向下游逐渐移动或扩展，因此平流雾的影响范围会比辐射雾更大。由于海洋与陆地在冬季夜间的热力和水汽差异，来自海洋的低空暖湿气流遇到相对冷的陆地下垫面时，容易产生平流雾。根据业务经验及交通管理部门反馈，相对来说河北省唐山、秦皇岛两地沿海的高速路段更容易受此类平流雾的影响。

平流雾的减弱消散主要是因为天气尺度系统有利配置的终止。常见的消散情况有两种，一是受地面冷高压及冷锋、气旋等影响导致近地层和地表风速明显加大(5 m/s 以上)，强烈的湍流、垂直交换、干空气夹卷作用致使逆温层被破坏和雾体饱和度下降；二是高空槽、切变线等系统导致较强的上升运动，形成较厚云层及降水。

5.1.3 平流辐射雾

单纯的平流雾在河北省发生概率不及辐射雾。在有利于平流雾的天气尺度系统配置下，同时配合夜间地表辐射降温，形成的雾既有辐射雾的特点，又有平流雾的特点，称为平流辐射雾。平流辐射雾在河北省发生的概率较高。

为了有利于夜间地表辐射降温的进行，需尽量确保晴朗无云的天空条件，因此中高空(700 hPa 及以上层)的温度露点差应尽量大，且一般位于槽后下沉运动区，盛行西北气流。同时低空(850 hPa 及以下层)应有暖湿空气向本地输送，满足条件的一般为槽前西南气流。因此，平流辐射雾最常见的环流配置即为低空西南气流、中高空西北气流，湿度廓线呈现典型的“上干下湿”结构。

平流辐射雾兼有平流雾、辐射雾的特点。其持续时间通常比辐射雾长，可持续整日不消散，日变化较为平缓，雾层高度一般比辐射雾高，可以覆盖较大范围。

平流辐射雾的消散条件与平流雾类似。河北省相当多的持续性大雾过程最初形成时属辐射雾，后在有利的高低空天气系统配置下逐渐转为平流辐射雾。

5.1.4 雨雾

在强降雨、强降雪时，能见度可能出现短暂下降。因强降雨导致能见度下降至不足200 m的情况较为少见。一般在这种低能见度出现时，强降雨、强降雪对交通的影响更为显著，因此主要发布强降雨、强降雪相关的风险预警，并在解读文字中提示伴随的低能见度。但在弱降雨、弱降雪时，少数情况下也会出现雨雾。雨雾基本出现在稳定性降水过程中，出现时降水强度一般很弱，甚至由于近地面相对湿度不足，弱降水可不接地，地面风力微弱。根据业务经验及交通管理部门反馈，雨雾的影响范围一般较小，持续时间与弱降水的持续时间相关，当降水明显增大或停止，地面风力加大时，雨雾结束。来自高速公路的雨雾报告多以团雾的形式出现在河北省海拔300 m以下的浅山区，受限于客观条件，局地雨雾发生时，边界层内精细化观测资料目前仍属空白，推测可能为层云、碎雨云接地所致。由于雨雾的预报难度很大，现有的预报资料、客观手段难以为雨雾的定时、定点预报提供有效的参考信息。

5.1.5 河北省较为常见的其他局地性大雾

在实际业务中，还有两种较为少见的情况可能会伴生雾，其持续时间不长，能见度起伏变化大，同一时刻的影响范围较小，局地性强，且有明显的移动性。

一种情况是近地面大范围大气接近饱和或已饱和，但由于中低空湿度过大，或辐射降温不强，或近地面湿层过薄等不利因素，无法形成大范围的雾，此时如果有冷锋经过，则在紧邻冷锋前部的气流辐合区，局地将形成大雾，随着冷锋推进，大雾在同一地点持续时间较短，影响期间同一地点的能见度呈V型变化，水平空间内大雾影响范围呈冷锋前部的连续或不连续的一条窄带，且随着冷锋行进方向移动。

另一种情况是近地面大气不饱和，但低层有回流冷空气途经渤海，自东北向西南推进至整个河北中南部地区。冷空气经过渤海携带的水汽含量有所增加，上岸后通过降温冷却作用，使低层大气饱和，形成大片的低云及雾，雾位于东北风或偏北风前缘的气流辐合区中，局地性较强，类似于第一种情况，随着回流冷空气推进，大雾在同一地点持续时间较短，影响期间同一地点的能见度呈V型变化，但能见度降幅通常大于第一种情况，而升幅通常小于第一种情况。水平空间内大雾影响范围呈东北风或偏北风前部的连续或不连续的带状区域，且随着回流冷空气的行进方向向南移动。当回流冷空气强度较强、低层风速普遍较大时，雾区宽度很窄，甚至没有雾区；当回流冷空气强度较弱，地面风速大部小于4 m/s时，雾区宽度可以很宽，同一地点的雾持续时间较长。在静止卫星云图上，可以清晰地看到回流冷空气行进过程中，在其前锋后部形成大片连续的低云区，雾区位于低云向南扩张的前沿窄带中，局地性较强，从云图中无法直接辨认低云与雾的边界，图5.3为2020年12月28日04时20分的卫星云图，回流冷空气导致的大片低云如图中暗红色区域(见彩图)所示，低云与雾无法区分，实际雾区位于衡水深州—武邑—沧州吴桥一带，武邑此刻能见度为123 m，随着回流冷空气继续向南推进，当天早晨至上午，石家庄南部、衡水中南部、邢台中东部、邯郸东部多地自北向南相继出现了能见度不足 1000 m 的雾,部分区县能见度不足 500 m,起雾时长普遍在 3～4 h。

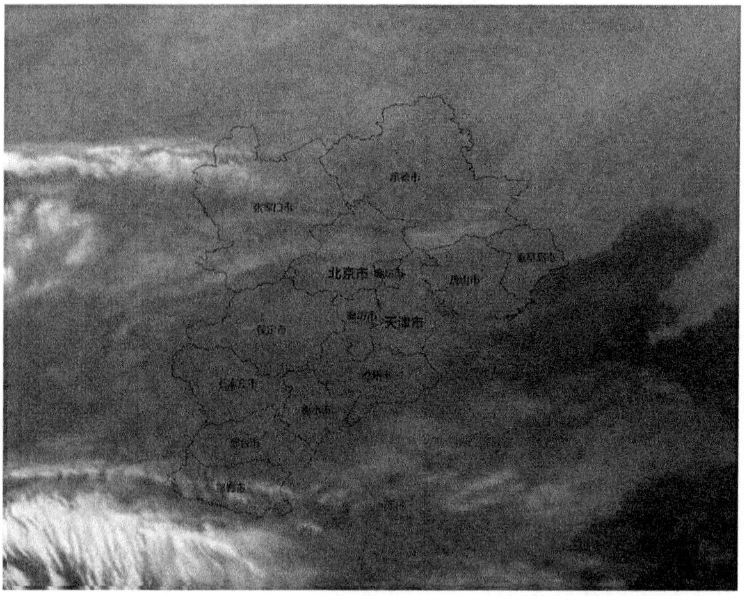

图 5.3　2020 年 12 月 28 日 04 时 20 分 H8 卫星多通道合成云图(附彩图)

5.2　高速公路大雾主观预报分析思路

与其他交通领域高影响天气的预报服务思路一致,在大雾预报前,必须充分了解当前的实况天气形势。通过分析地面形势,掌握河北所在区域的气压梯度是否处于弱气压梯度场,或有冷高压(关注河北和冷高压的相对位置)、冷锋、华北地形槽等关键天气系统。通过观测地面气象要素,掌握当天及前期有无大雾、降水、大风等天气,掌握当天河北区域的基础能见度、相对湿度。通过分析高空形势,掌握河北及上游关键天气尺度系统(有无槽、脊、低涡、切变线及其移动趋势)、高度场与温度场的配置(低层有无暖舌、锋区、冷暖平流)、各层湿区位置,通过卫星云图了解与高空槽相关的云系分布,通过探空资料掌握本地 08 时温湿度廓线分布,具体流程见图 5.4。

5.2.1　近地层水汽条件判断及高湿度区确定

由于起雾对应的高空天气形势较为多样,实际服务业务中为了保证服务产品的时效性,建议在充分了解实况天气形势之后先从数值模式的 2 m 相对湿度场预报入手,再通过对高低空天气系统和实况的分析对模式产品进行修订,最终获得大雾落区和时段预报结论。由于数值模式对边界层内气象要素的把握能力尚不足,需要一线业务人员在临近时段根据实况变化趋势及时做好跟踪预报和解读。

如果满足以下四种情形任意一种,则认为未来可能有大雾生成,通过以下步骤进一步判断生成大雾的可能性。四种情形均不满足的,判定地表水汽条件不佳,不考虑有影响交通的雾。

(1)数值模式预测当天晚上至第二天早晨的任意时次河北省 2 m 相对湿度(RH)≥90%的区域;

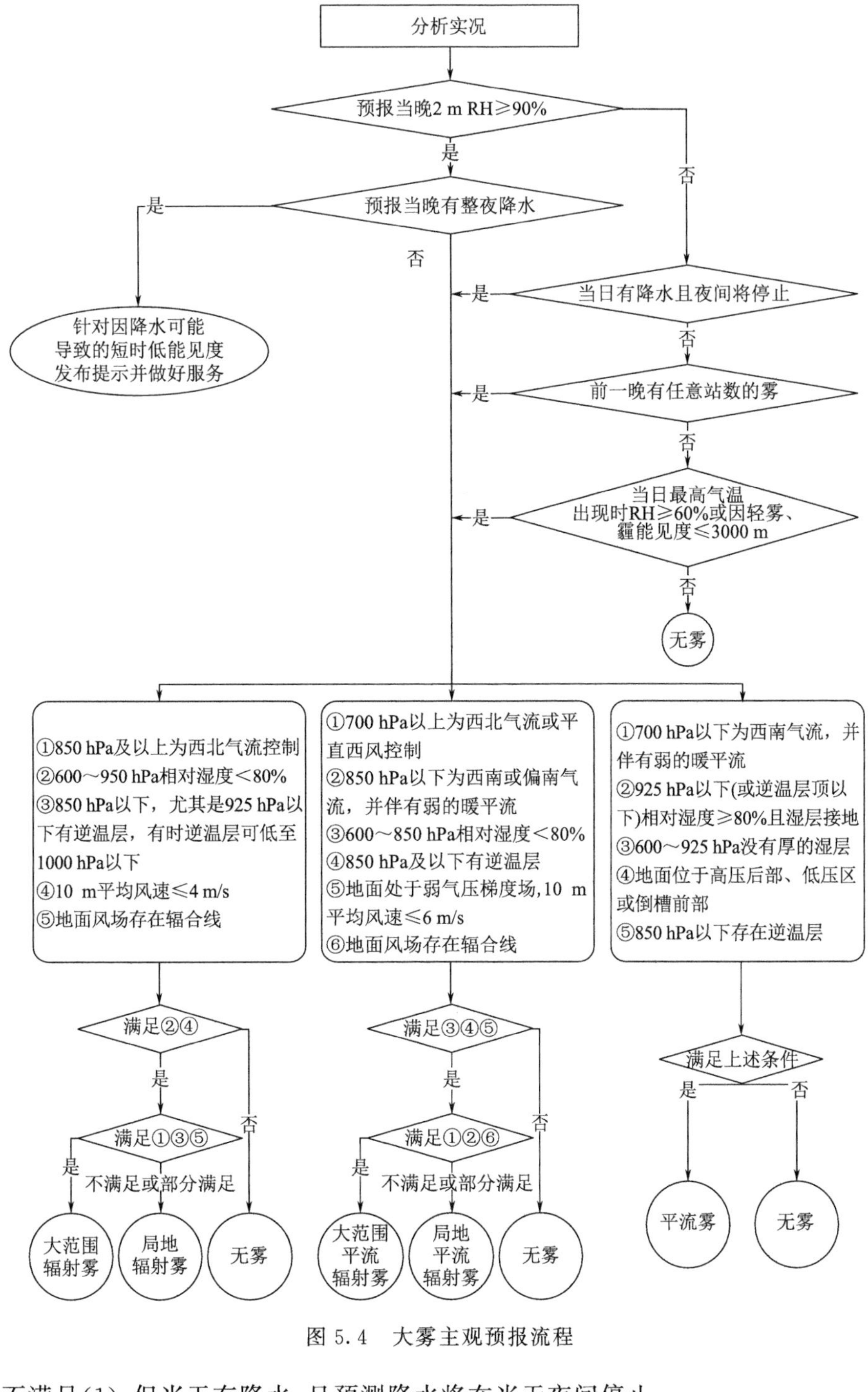

图 5.4　大雾主观预报流程

(2)不满足(1)，但当天有降水，且预测降水将在当天夜间停止；

(3)不满足(1)和(2)，但前一天夜间至当天早晨河北省内出现过任意站数的雾；

(4)不满足(1)、(2)和(3)，但当天 14 时(或当天最高气温出现时刻)实况观测的站点基础相对湿度≥60%或基础 1 min 水平能见度≤3000 m(排除浮尘、扬沙、沙尘暴、吹雪)，且预测当天夜间没有大风、降水过程。

如果满足情形(1)，还需要排除因同时刻正在发生降水导致地面高湿度的情况，对因降雨或降雪可能导致的短时低能见度,应在临近时段高度关注。此外,降水结束后如果高湿度区仍然存在甚至湿度有所增加、范围有所扩大,就须高度警惕,这是因为降水结束后如果天空迅速放晴,由地表辐射降温冷却而引起的雨后辐射雾起雾过程可能是很快的,常常在不足 3 h 内即可完成降水结束—天空放晴—辐射降温—大雾爆发的全程。

5.2.2 高湿度区对应的高空、地面天气形势判断

获取地面高湿度区后,接下来应分析高湿度区对应的高空、地面天气形势和各层温湿度分布。各层湿度、温度分布建议从 MICAPS 模式探空曲线查看。

按照不同成因将河北有利于雾形成和维持的天气系统高低空配置分为三类,分析时按照以下思路分别进行。

5.2.2.1 辐射雾的高空、地面天气系统配置

辐射雾出现的概率较高,而且容易出现在从无雾至有雾的过渡期。其天气系统配置为:整层(主要为 850 hPa 及以上层)受槽后西北气流控制,或有快速移过的高空槽使后半夜转受西北气流控制,850 hPa 以下的主导气流方向没有要求,但以西北气流或低于 8 m/s 的任意风向小风为优,地面处于弱气压梯度区、华北地形槽或其他弱的低压区、冷高压东南侧(前部,等高线不能太密集)或变性冷高压西北侧(后部)均可。从各层湿度分布看,需满足 600～950 hPa 湿度低于 80%,除 2 m 高度和 1000 hPa 接近饱和外,各层均为相对湿度低于 60%的干层最优,而 400 hPa 以上有 80%以上湿层的不视为消空条件。从各层温度分布看,850 hPa 以下有逆温层为优,逆温层顶和逆温层底温差越大、逆温层顶高度越低越有利于辐射雾的发生。需要注意的是,有时 1000 hPa 以上各层均无逆温,但 1000 hPa 温度明显高于 2 m 温度(适用于 2 m 气压高于 1000 hPa 的情形),说明逆温层很薄,只存在于 1000 hPa 以下,这种情况的逆温强度可能也很强,利于出现辐射雾。

5.2.2.2 平流雾的高空、地面天气系统配置

平流雾出现的概率较低,其天气系统配置为:中低层(700 hPa 以下,特别是 700～925 hPa)位于高空槽前或反气旋后部的西南气流中,伴随暖平流(风向从低到高呈顺转),高空槽不能太深,槽前暖平流不能太强,可见暖舌向地面高湿度区上空延伸,地面处于变性冷高压西北侧(后部)或低压区、倒槽东侧(前部)。从各层湿度分布看,925 hPa 以下(或逆温层顶以下)有接地的 80%以上的高湿度区,其上以相对湿度低于 60%的干层为优,也可有若干层湿层,但湿层在垂直方向上不能伸展得太厚以致形成过厚的云和降水,且 600～925 hPa 最好为相对湿度低于 60%的干层。从各层温度分布看,在 850 hPa 以下存在逆温层或等温层。

5.2.2.3 平流辐射雾的高空、地面天气系统配置

平流辐射雾出现的概率较高,它既容易出现在从无雾至有雾的过渡期,也容易承续前期的雾,在有利的天气形势下连日出现。其天气系统配置为:中高层(700 hPa 以上)受平直西风气流或槽后西北气流控制,低层(850 hPa 以下)主要受西南或偏南气流控制,伴随弱的暖平流,有时可见低空有暖舌向地面高湿度区上空延伸,地面处于弱气压梯度区、华北地形槽或其他弱的低压区、冷高压东南侧(前部,等高线不能太密集)或变性冷高压西北侧(后部)均可。从各层

湿度分布看，需满足 600～850 hPa 相对湿度低于 80%，900 hPa 以下有任意高度的湿层存在且湿层接地，850 hPa 以上各层均为相对湿度低于 60%的干层最优，而 400 hPa 以上有 80%以上湿层的不视为消空条件。从各层温度分布看，850 hPa 及以下有逆温层为优，逆温层顶和逆温层底温差越大越有利于平流辐射雾发生。

5.2.2.4　地面辐合线的作用

以上所有类型的大雾，高湿度区域内有时可以看到地面辐合线。地面辐合线常常与华北地形槽一同出现，也有可能伴随弱冷锋、倒槽等天气系统。地面辐合线有利于地表水汽的汇聚和雾的维持，多数情况下地面辐合线附近是大雾发生最早、消散最晚的地带。但是地面辐合线不是大雾发生的充分或必要条件，有地面辐合线时不一定出现雾，没有地面辐合线时也有可能出现雾，做大雾预报服务时需要注意结合水汽供应、辐射冷却、平流等其他条件综合判断。

如果未来将出现符合以上三类中任意一类的天气系统配置，则判定未来将发生对应类型的大雾，符合的条件越多，起雾的可能性越高。如果条件不完全满足，起雾的可能性降低，有可能在高湿度区域内出现局地、零散的雾。如果条件大部分不满足，则判定未来起雾可能性不大。

5.2.3　雾区范围、起雾时刻预报服务思路

接下来通过现有资料做雾区范围、起雾时刻的初步预报。限于目前气象科技发展水平，这一部分精细化预报的准确程度有限，做出预报后仍然需要临近时段做好跟踪服务。

5.2.3.1　大雾落区预报思路

在冬半年(10 月—次年 3 月)可以大致参考 2 m 相对湿度≥90%的范围，其他时段大雾落区可以大致参考 2 m 相对湿度≥95%的范围，全年均对辐射雾 10 m 风速≥4 m/s 或没有逆温层的区域、平流雾和平流辐射雾 10 m 风速≥6 m/s 的区域进行消空。如果当日早晨实况已出雾，可以根据实况出雾范围与模式前报进行对比，从而对预报时段的雾区范围进行订正，尽可能修订模式偏差。如果天气系统配置的条件不完全满足，起雾可能性不高，可以将大雾落区向小范围修订，侧重于水汽条件、冷却条件相对更好的区域。

5.2.3.2　起雾时刻预报思路

预报范围首次达到起雾标准的时刻记为起雾时刻。如果预判将发生辐射雾或平流辐射雾，而且前期实况没有发生降水和雾，近地层水汽条件较差，则起雾时刻需适当做延后调整，因为辐射降温冷却过程中近地层水汽会先在地表物体上凝结为露或霜，从而消耗一部分水汽，延后起雾时间。如果近地层水汽过于匮乏，凝露或凝霜的过程已将大部分水汽都消耗掉，会导致大雾空报。如果前期已出现雾，可以根据实况出雾范围与模式前报进行对比，从而掌握模式对边界层内相对湿度、逆温、低云预报的偏差，对预报的起雾时刻进行订正。

5.2.4　雾的减弱消散预报思路

常见的大雾减弱消散因素有以下几种。

一是太阳辐射作用。日出后，随着太阳高度角升高，地表和雾顶吸收的太阳辐射强度增

强，因加热作用，雾区温度升高，脱离饱和状态，雾将逐渐消散。平流辐射雾和辐射雾，特别是后者更容易受太阳辐射影响而消散。雾层越厚、逆温强度(逆温层顶和逆温层底温差)越大，消散越慢。日出后短时间内，由于水体和潮湿地表蒸发加剧，雾体中的水汽量增加，雾还可能会增强。雾的消散时刻与季节、雾层厚度、逆温强度紧密相关，层结相对稳定的秋冬季、较厚的雾、地面辐合线附近、探空指示 10 ℃以上逆温的雾，均需要适当将消散时间调整至延后于日出若干小时。如果前期已出现大雾，在天气背景没有发生明显变化的情况下，第二天的雾消散时间应与前一天相近或比前一天稍晚。

二是中低云覆盖的影响。由于中低云吸收雾顶向外发射的长波辐射并向下反射，干扰雾顶的辐射冷却过程，因此不利于雾的发展或维持。不同层面的云对雾的削弱作用尚未明确，目前业务中暂时考虑 600 hPa 以下的云对雾的维持和发展有影响，700～925 hPa 的云有明显影响。辐射雾受中低云影响最为明显。根据静止卫星云图可以对上游云系的类型、移动趋势有直观了解，当云系主要为卷云时，对雾的影响不大，当云系较厚明显有中低云时，可根据云系的外推移动趋势预报雾的消减。

三是降水的影响。虽然发展较厚的雾中也可能出现毛毛雨、米雪等弱降水，但如果有深厚湿层及中低云发展并造成降水，雾将逐渐减弱并消散。

四是大风的影响。冷空气、气旋等引起的大风均会导致雾的消散。目前以 10 m 风速≥4 m/s(辐射雾)或≥6 m/s(平流雾、平流辐射雾)作为大雾减弱消散的指标。

5.3 大雾过程成因分析与维持机制

5.3.1 一次持续性大雾的成因及维持机制

5.3.1.1 大雾观测事实

以 2019 年 1 月 11—15 日华北平原出现的连续 4 d 大雾天气过程为例，这次大雾主要分布在河北中南部、河南中东部、山东中北部，其中位于太行山东麓的冀中南平原大雾维持时间最长，雾情最为严重，因此这里主要探讨冀中南持续性大雾过程。根据大雾强度和范围变化，这次大雾过程可分为四个阶段。第一阶段为大雾发展阶段(11 日 20 时—12 日 14 时)，大雾形成前即 2019 年 1 月 11 日早晨，冀中南已出现零散浓雾的站点。11 日夜间，雾区范围扩大到冀中南平原地区，12 日凌晨，雾情加重，出现 30 个能见度低于 50 m 的强浓雾站点，主要处于沧州—衡水—邢台一带，呈东北—西南走向，且出现了雾凇天气。第二阶段为大雾维持阶段(12 日 14 时—13 日 14 时)，也是这次大雾过程范围最广、雾情最严重的阶段。12 日傍晚到 13 日中午，大雾范围扩大到唐山、秦皇岛和冀中南地区，能见度低于 500 m 的站点增加至 109 个，其中强浓雾站点 29 个，分布在整个雾区并维持了 10 h。第三阶段为大雾衰减阶段(13 日 14 时—14 日 14 时)，受槽前西南气流影响，高空云量增多，大雾范围南退至保定沧州以南，能见度有所好转，强浓雾站点降至 10 个以内。第四阶段为大雾消散阶段(14 日 14 时—15 日 08 时)，随着冷空气南下，华北上空迅速转为西北气流，大气稳定层结被破坏，地面风力增大，大雾自北向南逐渐消散(表 5.1)。

表 5.1　2019 年 1 月 11—15 日不同阶段大雾站数　　单位:个

	第一阶段 11 日 20 时— 12 日 14 时	第二阶段 12 日 14 时— 13 日 14 时	第三阶段 13 日 14 时— 14 日 14 时	第四阶段 14 日 14 时— 15 日 08 时
能见度≤50 m	30	29	7	5
50 m<能见度≤500 m	85	109	56	29
500 m<能见度≤1000 m	96	87	59	24

5.3.1.2　大尺度环流形势

利用 NCEP 的高空和地面 6 h 资料求 4 d 平均，得到这次大雾过程大尺度环流平均场和地面形势平均场(图 5.5a)，这次大雾过程中，500 hPa 亚洲中高纬环流平直，华北平原位于高压脊前，盛行纬向西—西北气流，有利于下沉运动。而蒙新高地西部有一个明显的地面冷高压中心，且河北中南部位于冷高压东南部的均压场中，等压线稀疏，弱偏南风有利于近地面湿度增大，使得垂直方向出现上干下湿的特征，为大雾的生成和维持提供了稳定的背景条件。850 hPa(图 5.5b)和 925 hPa 在河北中南部均有明显的暖脊，从河南自西南向东北延伸到河北东部，而 1000 hPa 受冷温槽控制，说明近地面层有弱冷空气自北向南扩散，使得近地层大气降温，这种上暖下冷的配置有利于逆温层的形成，对大雾的形成有至关重要的作用。

曾有研究发现，华北平原连续大雾经常发生在纬向环流背景下，多短波槽活动，而这些短波槽最明显的特征为“干性”短波槽，即高层(尤其 850 hPa 以上)相对湿度较小，为 10%～40%，这种“干性”短波槽对华北平原大雾的发生、加强、维持均有重要作用。大雾期间无强冷空气活动，有弱的短波槽快速东移，经大雾中心(118°E，39.5°N)绘制风场与湿度随时间变化的剖面图(图 5.5c)，在这次大雾过程中共有三个高空槽东移，促使大雾爆发性增强的是第一个短波槽(11 日 20 时)，属于上述“干性”短波槽，短波槽过境后，850 hPa 以上的相对湿度由 50%～80%迅速减小为 20%～40%，天空云量减少有利于近地面层夜间辐射降温；而槽前暖平流有利于低层增温，如图 5.5d 所示，该短波槽过后中低层气温均有明显升高，在中低层增温与近地面层降温的双重作用下，更有利于逆温层的形成与维持。第二个短波槽(12 日 20 时)过境时，中低层有弱的暖平流，900 hPa 以下逆温加强，高空槽过后整层风速从偏西风转为西北风，大雾的范围和强度均扩大，维持时间也变长，浓雾站从 85 个增加到 109 个。由于前两次“干性”短波槽移速较快，且槽前西南气流的低层湿度较小，不满足辐射雾向平流雾转化的条件，因此本次大雾过程以辐射雾为主。第三个高空槽(14 日)较强，破坏了大气的静稳结构，此时冷锋已到达河北中部，但冷锋前部近地面层水汽仍饱和，大雾转为锋面雾，但范围和强度减小，15 日，强冷空气过境后大雾消散。因此，在本次大雾过程中，两次“干性”短波槽快速过境分别促成了大雾的形成和雾区范围强度的加强，最后一次高空槽造成了大雾的减弱与消散。

5.3.1.3　近地面气象要素特征

以衡水站为代表分析大雾四个阶段的近地面气象要素特征(图 5.6)。空气质量指数(Air Quality Index，AQI)表示空气污染程度，主要监测六项污染物：细颗粒物($PM_{2.5}$)、可吸入颗粒物(PM_{10})、二氧化硫(SO_2)、二氧化氮(NO_2)、臭氧(O_3)、一氧化碳(CO)。这次大雾过程，首

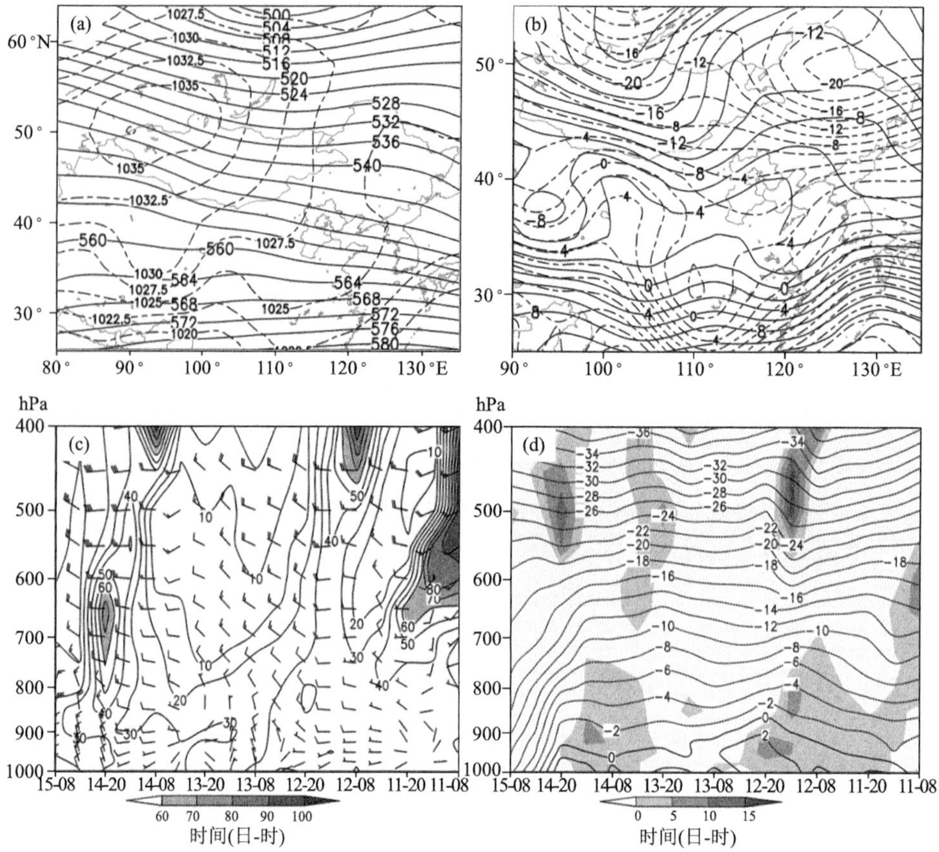

图 5.5　2019 年 1 月 12—14 日 500 hPa 平均位势高度(实线,单位:dagpm)和海平面气压场(虚线,单位:hPa)(a),12 日 08 时 850 hPa 温度(实线,单位:℃)和 1000 hPa 温度(虚线,单位:℃)(b),2019 年 1 月 11 日 08 时—15 日 08 时(118°E,39.5°N)的风场、湿度场(阴影和等值线,单位:m/s,%)(c)及其温度(单位:℃)、温度平流(阴影,单位:℃/s)(d)的垂直分布

要污染物为 $PM_{2.5}$ 和 PM_{10}(图 5.6a)。在大雾生成阶段,相对湿度一直维持在 95%以上,风向以偏南风为主,有利于污染物堆积和水汽聚积,由于夜间地面长波辐射作用,气温明显下降,12 日 01 时转为北风,弱冷空气的降温作用叠加辐射降温作用,配合接近饱和的水汽,使得能见度迅速从 1090 m 降至 164 m,之后一直维持低能见度 13 h,因此这次强浓雾形成的触发条件为偏北风带来的弱冷空气降温与夜间辐射降温的叠加效应。在大雾维持阶段,随着日出增温,14 时能见度逐渐升至 1000 m,污染物堆积明显,AQI 指数也随之增大,由中度污染转为重度污染,气溶胶粒子的累积不吸收地表长波辐射,且向外发射长波辐射,加快辐射冷却作用,因此污染物的增加有利于大雾的形成与加强。18—19 时,风向再次转为偏北风,配合气温下降,使得饱和水汽充满整个边界层,能见度降至 500 m 以下并维持 14 h。与第一阶段不同的是,第二阶段大雾生成早,消散也略早,这主要是由于第一阶段的雾位于高空槽前,受平流和辐射降温的共同影响,而第二阶段位于高空槽后,主要降温机制为辐射降温。在大雾衰减阶段,受高空槽前西南气流影响,高空云量增多,夜间辐射降温减小,地面增湿缓慢,持续的偏南风使污染物堆积,空气质量变为严重污染,丰富的凝结核配合地面冷却增湿,因此 14 日早晨仍有大雾形成。在大雾消散阶段,受冷空气影响,地面风力加大,相对湿度降低,大雾逐渐消散。

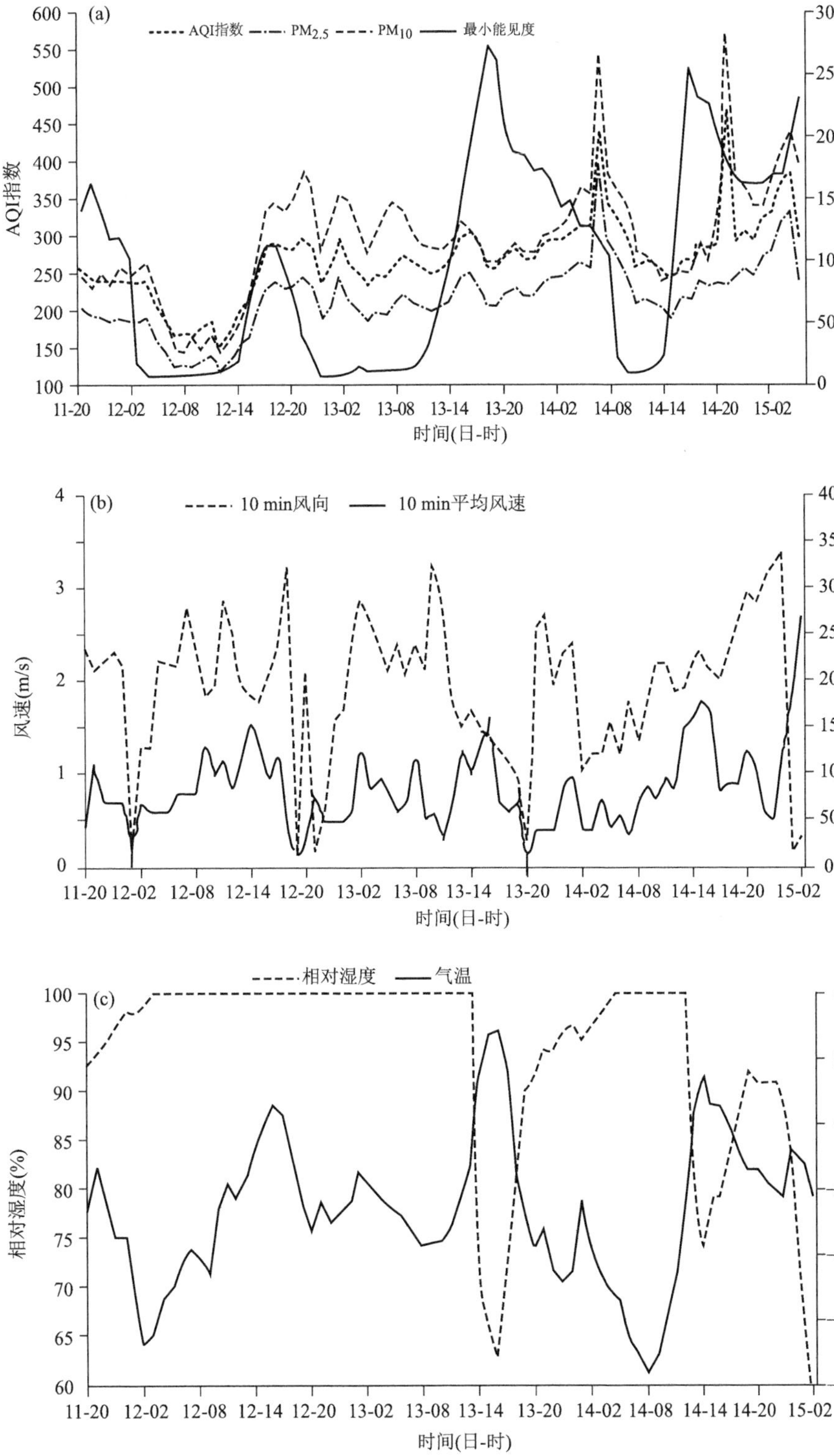

图 5.6　2019 年 1 月 11 日 20 时—15 日 02 时衡水站 AQI 指数、$PM_{2.5}$(单位:$\mu g/m^3$)、PM_{10}(单位:$\mu g/m^3$)和最小能见度(单位:m)(a),10 min 风向(单位:°)和 10 min 平均风速(单位:m/s)(b),相对湿度(单位:%)和气温(单位: ℃)(c)

在大雾发展过程中，地面气象要素之间有一定的关联性，污染物的增加有利于能见度的降低。在整个过程中，风速在 0～3 m/s，这种风速既不影响空气的辐射冷却，使大气达到饱和，为大雾提供良好的水汽条件，又能使辐射冷却扩散到整个边界层，有利于形成辐射雾并维持大雾的发展。偏北风有利于增强大雾浓度，偏南风有利于大雾的维持。当相对湿度在 95%及以上时，大雾更容易形成与维持，而降温是大雾形成的必要条件。

5.3.1.4 大雾形成维持机制分析

(1)动力条件

在这次大雾过程中，涡度、散度、垂直速度等动力条件作用显著，从大雾中心(116°E，38°N)涡度的高度—时间剖面图(图 5.7a)可以看出，在 850 hPa 以下存在弱正涡度时，低层有暖湿气流存在，有利于浓雾维持，而在 13 日夜间到 14 日早晨，850 hPa 以下为明显的负涡度，与之对应的雾明显减弱，范围减小。14 日夜间，850 hPa 以下又转为正涡度，与大雾增强时间吻合，之后受冷空气影响，转为负涡度，大雾减弱消散。这反映了大雾的维持发展与低层的正涡度有紧密联系。

散度场(图 5.7b)的分布与演变也与大雾的发展有良好的配合，大雾形成与维持期间，900 hPa 以下为辐合辐散相间，弱辐合运动与浓雾有良好的对应关系，这种弱辐合上升运动可以使近地面水汽向上输送，使湿层达到一定高度，有利于浓雾的形成。对流层中层(700～500 hPa)为辐散下沉运动，中层气温略有升高，这种弱下沉运动与低层上升运动相叠加，使得低层气温降低，与中层升高的气温形成逆温层，有效阻止了中低层的垂直交换，有利于低层水汽累积至饱和状态，有利于浓雾的形成和发展。14 日 20 时，低层的辐合中心增大到 -4×10^{-5}/s，之后辐合上升运动突破了 900 hPa，不利于逆温层的维持，对流层中层转为辐合上升运动，大雾逐渐减弱消散，这说明对流层中层的辐散下沉运动是本次浓雾发生与维持的动力因子之一。

从垂直速度场(图 5.7c)可以看出，11 日 08 时—14 日 08 时，中高层以下沉运动为主，垂直速度值在 0.1～0.3 Pa/s，有利于天空晴朗和下沉增温。而在 900 hPa 以下，则以弱的上升气流为主。每次下沉运动的增强和向低层发展都对应着雾站的增加，11 日夜间到 12 日早晨，下沉运动最为剧烈，几乎 950 hPa 以上均为下沉气流，当晚大雾爆发式发展，大雾站数增加至 96 个。12 日夜间至 13 日早晨，900 hPa 以下由上升运动转为弱下沉运动再转为弱上升运动，较前一次减弱，但由于弱上升运动的影响，雾层加厚，当晚浓雾范围变大，站数由 85 个增至 109 个。14 日下沉运动减弱，转为整层的上升运动，达到了－0.5 Pa/s，导致大雾减弱消散。因此华北平原的大尺度下沉运动有利于天空晴朗和下沉增温，从而使低层稳定层结进一步加强，有利于大雾的维持和加强。

(2)水汽条件

充足的水汽为大雾天气提供了良好的湿度基础，从 2019 年 1 月 11—14 日每日 20 时 1000 hPa 的水汽通量散度及风场分布(图 5.8)可以看出，在大雾形成前期即 11 日 20 时，冀中南上空以弱西南气流为主，并伴有水汽辐合，水汽的流入为凝结核提供了丰沛的水汽条件，有利于大雾的爆发性生成。12 日 20 时受短波槽影响，水汽分别从西南和西北向冀中南平原输送，水汽辐合范围和强度较 11 日夜间均更大，最大水汽辐合中心强度为-0.2×10^{-4} g/(cm^2·hPa·s)，且风向在太行山东麓和燕山山脉均有明显的辐合，令沿山地区形成弱上升流，使水汽抬升凝结，因此 12 日夜间出雾时间更早，出雾范围也更大。13 日 20 时天空状况转为阴天，因此虽然有

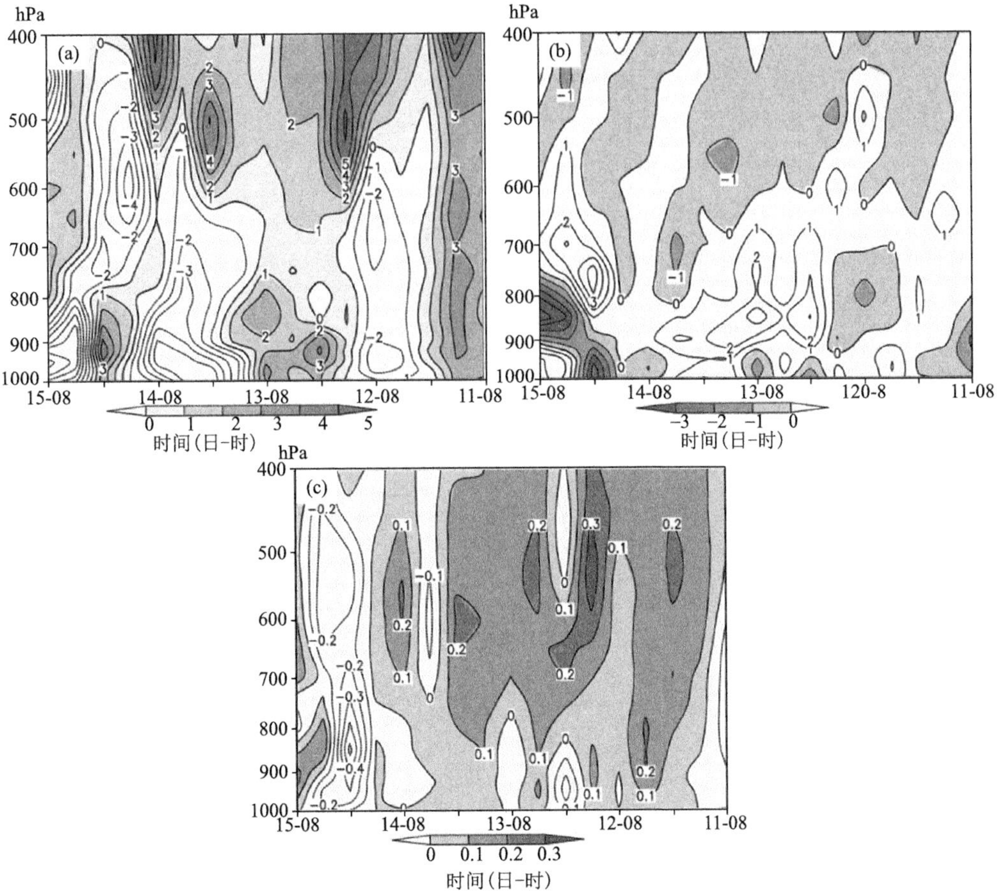

图 5.7 沿大雾中心(116°E,38°N)的涡度(单位:10^{-5}/s)(a),
散度(单位:10^{-5}/s)(b),垂直速度(单位:Pa/s)(c)高度—时间剖面图

水汽辐合,但大雾站数明显减少。14 日 20 时,随着副冷锋逼近,最大水汽辐合中心南移并增大至 -0.4×10^{-4} g/(cm^2 · hPa · s),大雾范围也随之压至河北南部,之后逐渐消散。结合图 5.8c 可以看出,西南方向的水汽输送为大雾提供了水汽来源,夜间的辐射冷却使温度降低至露点温度而达到饱和,为大雾的形成与维持提供了必要的湿度条件。

(3)逆温条件

表 5.2 为邢台站在整个大雾过程的多层逆温结构信息,邢台站一直存在近地面的逆温层,逆温层顶基本在 925 hPa 以下,大雾种类主要为辐射雾。而在贴地逆温层之上还有低空和高空逆温,这是由于湍流混合作用随高度分层,动量、热量、水汽的输送并不连续,使逆温层出现了多层结构,而逆温层可以阻止垂直湍流将上部干空气卷入雾顶而导致雾层变薄,因此逆温层的存在为大雾的形成与维持提供了先期条件。在大范围雾形成前,即 10 日早晨就已经形成了双层逆温,低层逆温层位于 700 hPa 以下,厚度为 78 hPa,逆温为 3.2 ℃,贴地逆温层高度为 27 hPa,逆温为 6.3 ℃。贴地逆温层为 11 日早晨的零散雾和 11 日夜间—15 日的大范围雾提供了良好的层结条件,有利于近地面水汽的聚集,为雾层增厚提供了水汽来源。而持续存在的双层逆温为大雾爆发性发展酝酿了条件。随着逆温层高度的增加,12 日 08 时达到大雾发展强盛期,此时贴地逆温层高度最高,为 55 hPa。而在 12 日 20 时,逆温分层结构消散,变为雾顶

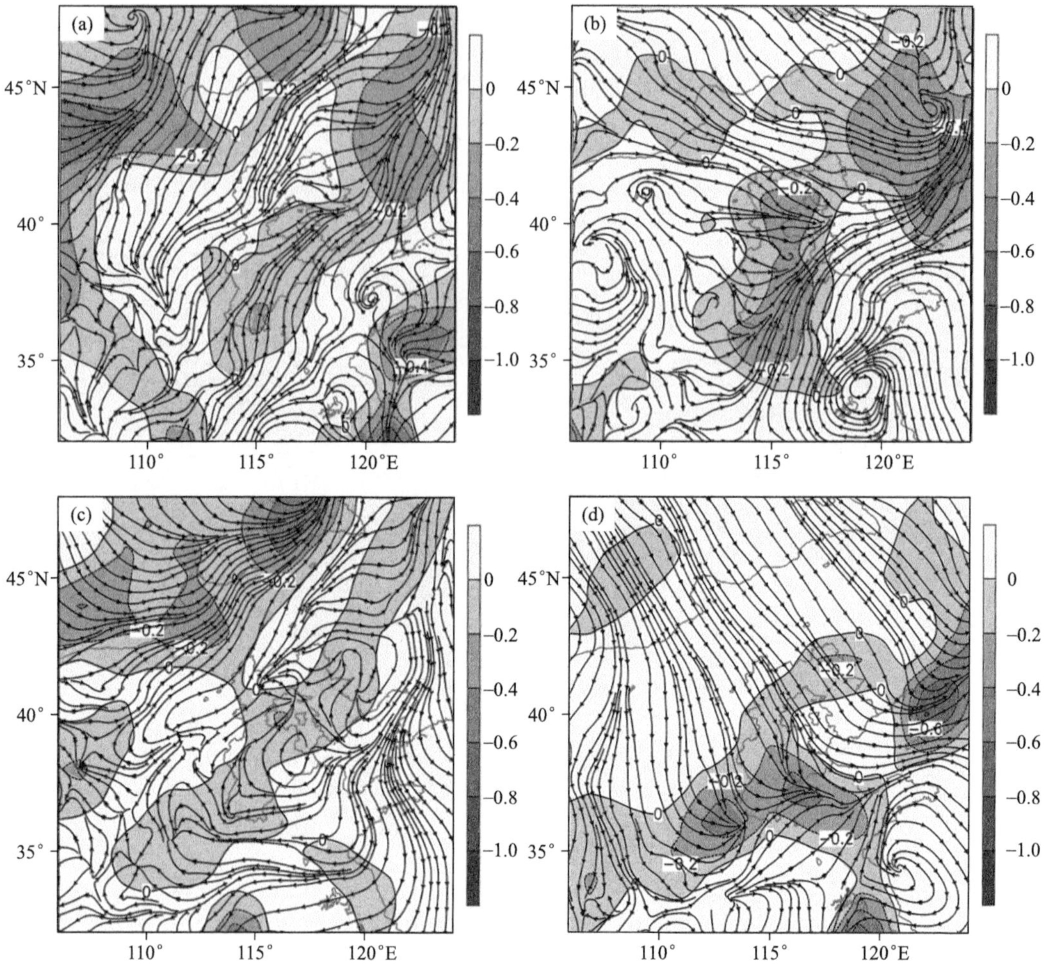

图 5.8　2019 年 1 月 11—14 日逐日 20 时 1000 hPa 风场(流线)和水汽通量散度

(单位：10^{-4} g/(cm^2 · hPa · s))(阴影和等值线)

(a. 11 日，b. 12 日，c. 13 日，d. 14 日)

之上单一逆温层，且有所加强，贴地逆温 6.1 ℃增长到 9.1 ℃，贴地逆温层底温度露点差由 7 ℃下降到 1.4 ℃，这表明贴地逆温层增强，逆温层内水汽积聚接近饱和且湿层增厚接近逆温层底。大雾发展后期至消散阶段，主要以单层逆温为主，偶尔出现的双层逆温，低层逆温层的高度和逆温也远不如其大雾形成发展阶段。因此，逆温层的多层结构为大雾的爆发性形成提供了先期条件，而逆温层厚度的增加更有利于大雾的维持与发展。

表 5.2　2019 年 1 月 10 日—14 日邢台站探空信息

时间	贴地逆温层底高度(hPa)	贴地逆温层顶高度(hPa)	贴地逆温层厚度(hPa)	贴地逆温(℃)	贴地逆温层底温度露点差(℃)	低层逆温层底高度(hPa)	低层逆温层顶高度(hPa)	低层逆温层厚度(hPa)	低层逆温(℃)	逆温层数
10 日 08 时	1004	977	27	6.3	9.0	792	714	78	3.2	双层逆温
10 日 20 时	1003	975	28	1.8	9.0	700	681	19	0.2	双层逆温
11 日 08 时	1002	962	40	3.7	7.0	721	694	27	1.6	双层逆温

续表

时间	贴地逆温层底高度(hPa)	贴地逆温层顶高度(hPa)	贴地逆温层厚度(hPa)	贴地逆温(℃)	贴地逆温层底温度露点差(℃)	低层逆温层底高度(hPa)	低层逆温层顶高度(hPa)	低层逆温层厚度(hPa)	低层逆温(℃)	逆温层数
11 日 20 时	964	954	10	0.2	5.0	773	734	39	1.6	双层逆温
12 日 08 时	1001	946	55	6.1	7.0	809	789	20	1.4	双层逆温
12 日 20 时	1001	949	52	9.1	1.4	\	\	\	\	单层逆温
13 日 08 时	1005	976	29	8.7	4.9	756	742	14	1.0	双层逆温
13 日 20 时	1005	982	23	3.2	4.3	\	\	\	\	单层逆温
14 日 08 时	1005	959	46	5.1	3.8	\	\	\	\	单层逆温
14 日 20 时	1003	957	46	10.3	1.1	651	645	6	0.2	双层逆温

图 5.9a 为衡水站 12 日 08 时斜温图，900 hPa 以下存在明显的逆温层，而 1000 hPa 的温度露点差大概在 10 ℃，因此这次大雾的湿层较浅薄，集中在近地层，未及 1000 hPa。图 5.9b 给出了大雾过程河北平原 1000 hPa 平均温度与地面平均温度之差，1000 hPa 温度比地面高 2～6 ℃，而冬季河北平原 1000 hPa 的高度约为 200 m，因此在 1000 hPa 以下存在明显的逆温。另外，河北西部为太行山，偏西路径弱冷空气越过太行山脉时，空气下沉增温，也有利于冀中南近地层逆温层的维持和加强。利用黄骅站逐 2 min 的微波辐射计资料，分别做 0～1500 m 高度的温湿—时间垂直剖面图(图 5.9c，d)。黄骅的大雾主要出现在 12 日凌晨至 13 日白天，900 m 以下湿度可达 80%以上，在 600 m 存在低层逆温层，且低层逆温层底部相对湿度可达 90%以上，而贴地逆温层以下的相对湿度大值区和雾层主要维持在 100 m 以下，雾顶之上存在等值线密集带。11 日 20 时，受晴夜长波辐射和湍流混合作用的双重影响，200 m 以下降温明显，相对湿度增加，在 12 日 05 时达到饱和且湿层逐渐加厚至几十米，大雾爆发性增强，能见度从 999 m 突降至 77 m，雾层冷中心对应相对湿度高值区。日出后温度升高，但未突破逆温层，随着相对湿度降低的间歇，雾情减轻。12 日 20 时在降温加湿的作用下，大雾再次爆发，湿层高度较前一日略有增长并维持 14 h，逆温层被破坏，相对湿度降低，黄骅站大雾消散。在本次过程中，大雾高度仅有几十米，是典型的辐射雾，有明显日变化，日出前后雾最浓，贴地逆温层是大雾维持发展的必要条件，晴夜长波辐合和湍流混合作用为大雾的维持发展提供了有利条件。

5.3.2 一次典型辐射雾的成因及维持机制

2018 年 4 月 19 日，青银高速石家庄铜冶大队周边发生了一次局地团雾，并造成了周边高速公路临时关闭。此次过程属典型的辐射雾，运用中尺度数值模式 WRFv3.8.1 对此次团雾过程进行研究。反查地面气象观测资料，19 日早晨石家庄高邑、赵县、元氏等三个国家站出现能见度不足 1000 m 的雾，其中高邑站能见度最低，为 152 m。高邑于 19 日 05 时能见度降至 1000 m 以下，出现大雾，随后 20 min 能见度迅速降低至 200 m 上下，05 时 40—55 分能见度出现波动，短暂回升至 1000 m 以上，随后再次迅速降低至 200 m 左右，06 时 14 分录得最低能见度 152 m，06 时 25 分起能见度再次波动回升，06 时 45 分起稳定回升至 1000 m 以上，大雾过程结束，过程时长约 1 小时 45 分钟。过程期间，河北上空 500～700 hPa 受高压脊控制，850 hPa 为较强的西南气流，700～850 hPa 河北中南部有明显的西南—东北向暖舌，900 hPa

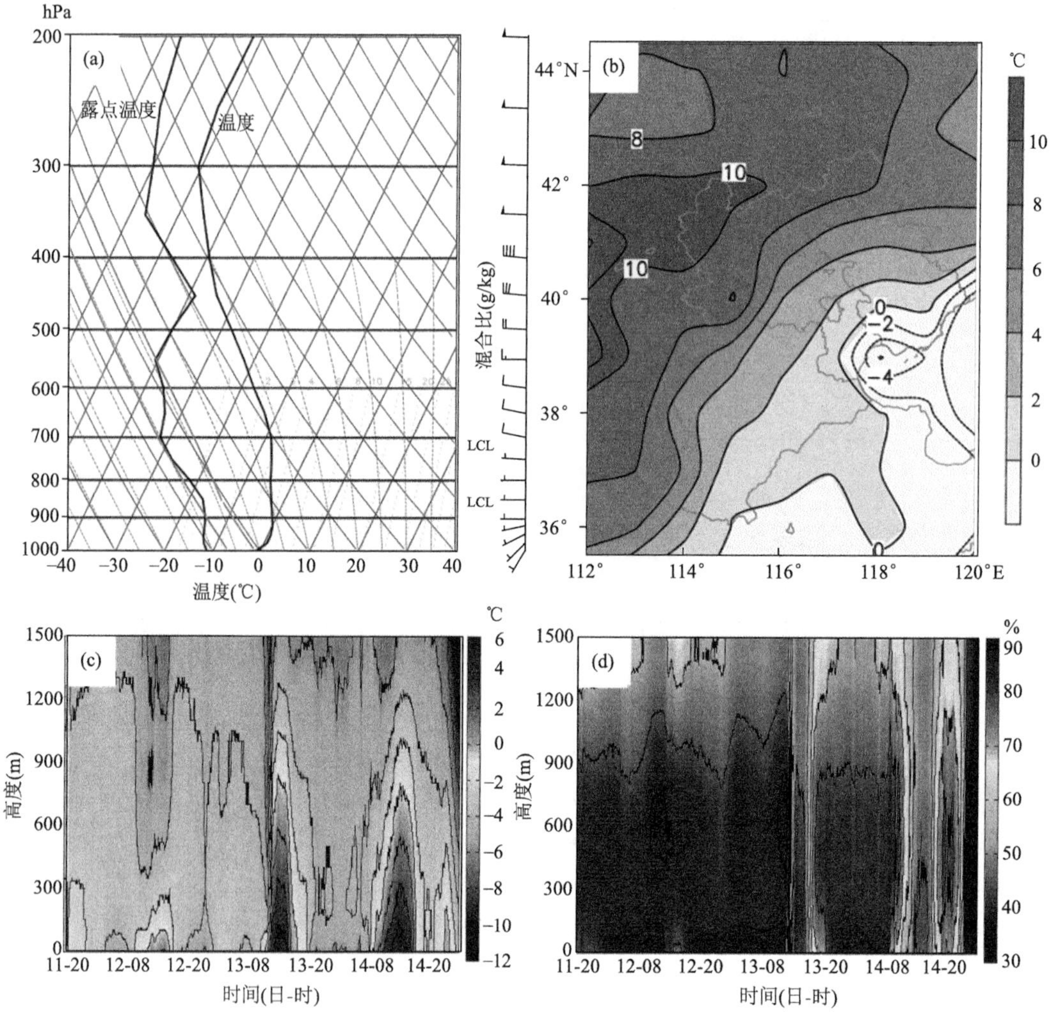

图 5.9 大雾中心(116°E,38°N)斜温图(a),2019 年 1 月 11—14 日 1000 hPa 平均温度与地面平均温度之差(b),黄骅温度—时间垂直剖面图(c),黄骅相对湿度—时间垂直剖面图(d)

以下自 18 日后半夜起有东路弱冷空气自渤海向河北中南部推进,19 日 08 时 925 hPa 于雾区以北的河北中部地区形成一清晰的东北—西南向冷舌,由于冷空气较弱,19 日日出后冷舌强度随即减弱。

18 日 18 时,高邑站气温为 25.5 ℃,相对湿度为 60%,能见度为 19897 m,偏南风 2 min 平均风速 5.3 m/s,入夜后,气温以每小时约 1.1 ℃的速度下降,相对湿度逐渐升高,风速逐渐减小。至 19 日 01 时,高邑站气温为 19.5 ℃,相对湿度为 80%,能见度为 9702 m,风速降低至 0.9 m/s。01 时之后降温速度加快至每小时约 2.3 ℃,02 时 25 分降低至 15.5 ℃后基本维持至 04 时 15 分,随后 1 h 气温再次快速下降,05 时 25 分气温降至 13.0 ℃,降温期间能见度降低至 1000 m 以下,出现大雾,05 时 40—50 分,气温短暂回升至 14.5 ℃,能见度随之一度上升至 1360 m,但同时露点温度也上升至 14.2 ℃,因此相对湿度并未下降,而是维持在 98%,05 时 55 分起气温再次降低至 13.5 ℃以下,能见度降至 200 m 以下,随后气温和能见度没有出现明显起伏,风速始终维持在 2 m/s 以下,06 时 25 分后能见度升高,气温快速回升,大雾消散。

对比 WRF 模式输出的地面气象要素模拟值及对应时次的河北省中南部各个国家站地面要素观测值可以看出，2 m 气温、10 m 风场等要素的模拟值与观测值的变化趋势、数值大小较为一致，而 2 m 露点温度和相对湿度在 18 日夜间的模拟值均较观测值偏低，特别是 19 日凌晨后弱冷空气影响区域偏低较为明显，但上述要素的模拟值与观测值的变化趋势仍较为一致，说明 WRF 模式能够较好地模拟高邑附近此次雾的生消发展过程。

边界层内大气降温或增湿是大雾形成的关键点之一。根据国家站地面观测资料，河北中南部在此次团雾前期并未出现降水过程。分析 WRF 模拟 700 hPa 以下层面的风场、水汽通量及其散度可知，19 日 01 时起，随着近地面西南风与冷空气前沿东北偏北风形成的切变线逐渐接近高邑，其 925 hPa 以下层面转为水汽通量辐合，辐合状态维持至 19 日 07 时，随后受冷空气影响，高邑近地面偏北风风速明显加大，水汽通量由辐合转为辐散，辐合、辐散时段与大雾的生消基本对应。综上所述，此次大雾的水汽主要来源于近地层大气的水汽辐合，低空弱冷空气的东北偏北风与平原南部的偏南风形成的切变线向南推进，于 19 日凌晨在高邑附近维持，为低空水汽的辐合创造了条件。

逆温层的形成、维持也是大雾形成的关键点之一。近地面降温将促使大气趋于饱和，逆温层的存在将使层内大气与自由大气之间的物质交换隔绝，从而有利于水汽在逆温层内的维系，并且减少雾顶与上层大气间因湍流而造成的干空气卷入，进而使大雾形成并维持。分析 18 日夜间至 19 日早晨 H8 气象卫星长波红外云图并结合 WRF 模拟高邑上空各层相对湿度可知，团雾发生前维持晴空状态利于辐射降温，分析 WRF 模拟高邑上空各层温度可知，18 日 22 时起，随着地面辐射降温，逆温层逐渐在 950 hPa 以下形成，至 19 日 06 时逆温层顶高度维持在 925 hPa 附近，该层气温达 23 ℃，1000 hPa 气温为 17 ℃，地面气温 WRF 模拟值为 14 ℃，观测值为 13 ℃，逆温层上下温差接近 10 ℃，表明逆温层强度较强。结合地面观测，在 19 日 01—02 时、04—05 时两次快速降温期，高邑近地面的逆温层强度明显增强，大雾在第二次快速降温期形成。19 日 07 时起，由于地面接收短波辐射不断增温、近地层风速加大导致大气垂直湍流增强的共同作用，近地层温度层结转为上冷下暖结构，逆温层底被抬离至 925 hPa，至 19 日 12 时逆温消失。低空弱冷空气入侵造成的冷平流于 19 日 06 时在 950 hPa 层面出现，07 时后 900 hPa 以下全部转为冷平流，至 09 时冷平流在 950 hPa 附近达到最强，冷平流影响时段与地面降温时段不重合。故起雾前的降温主要为辐射降温，弱冷空气的平流作用没有明显贡献，夜间的晴空为地面辐射降温提供了有利条件，地面快速降温期与水汽辐合相配合，综合导致了近地层大气的饱和以及大雾的发生。

综上所述，本次高邑附近的团雾属辐射雾，低空弱冷空气向南入侵，其前沿与南风的切变线导致的近地面水汽辐合为本次团雾提供了水汽来源，晴空条件下地面辐射降温导致近地面形成较强的逆温层、大气逐渐饱和并诱发团雾的形成。团雾形成时地面降温速度明显加快。弱冷空气致使近地面层风速加大以及地面接收短波辐射不断增加导致逆温层结构被破坏，从而导致了团雾的消散。

5.4 高速公路沿线雾的客观预报方法

5.4.1 基于BP神经网络的浓雾预报方法

5.4.1.1 浓雾过程确定及影响因子选取

选取2013年和2014年秋冬两季(9月—次年2月)河北省高速公路沿线布设的152套交通气象观测站的逐分钟气象观测资料和高速公路沿线附近的国家气象站逐分钟气象资料,观测要素包括能见度、气温、露点温度、气压、相对湿度、风向、风速。选取能见度小于500 m、相对湿度大于90%,出现30站以上的浓雾天气过程作为一个浓雾个例过程,若两站或同站出现浓雾的时间间隔大于4 h,或同一个交通气象站一天内出现浓雾的时间间隔在8 h以上,作为另一个浓雾个例过程。

利用统计分析法对浓雾过程中各气象要素与能见度进行相关性分析,得出各影响因素与能见度的相关系数(表5.3),均通过99%置信水平的双侧检验。可以看出,低能见度与温度露点差、相对湿度呈现很好的负相关性,其中低能见度与温度露点差的相关性最好,达到−0.898;低能见度与风速呈现很好的正相关,相关系数为0.783,其次为风向、气温、气压等,说明这些气象因子对低能见度形成均存在一定的贡献。统计发现,能见度小于500 m时,相对湿度的变化在95%~100%,温度露点差在−1.0~2.0 ℃,风速在0~5.8 m/s,即相对湿度越大、温度露点差越小、风速越小,出现低能见度浓雾的可能性越大。

表5.3 浓雾过程中各气象要素相关性分析

气象要素	相对湿度	气压	气温	温度露点差	风向	风速
能见度	−0.862**	−0.428**	−0.469**	−0.898**	0.504**	0.783**

** 表示在99%置信水平下显著(双侧检验)

5.4.1.2 输入输出向量的选取及处理

雾的生消过程主要受空气湿度和水汽的制约,同时浓雾的范围和高度受水平和垂直大气环流的影响,天气系统主要通过气温、气压、湿度、风速变化等来考虑。气压、风速、风向的变化趋势可以反映天气系统的移动变化情况;气压值较高、空间气压场均匀、温度变化较小,表明处于强大的高压之中,在秋冬季极易出现平流和辐射的混合雾;相对湿度、露点温度、气温等的变化可以反映空气的水汽饱和程度和变化,再加上河北地区以平流辐射雾为主,因此在选取预报因子时,主要考虑以上气象要素的变化情况和能见度的实况变化,最后选定相对湿度、温度露点差、风速、风向、气压、气温、能见度(前3小时)7个气象因子作为BP神经网络的输入,以能见度作为网络输出。由于原始数据各个气象因子的量纲不同,在网络训练前先对数据采取无量纲化处理,本节采用归一化处理,经过处理后的数据一般在±1附近,有利于网络训练。

5.4.1.3 隐含层节点的确定

根据能见度与气象因子的相关性,确定网络的输入变量为6个(相对湿度、气压、气温、温度露点差、风向、风速)，输出变量为 1 个(能见度)，首先确定网络的隐含层节点数。关于选择隐含层节点数的问题比较复杂，至今为止，尚未找到一个很好的解析式，往往根据前人经验和自己试验来确定，隐含层节点数参照如下公式确定：

$$n = \sqrt{n_i + n_0} + a$$

式中，n_i 为输入层节点数，n_0 为输出层节点数，a 为 1～10 的常数。由此确定隐含层节点数 n 的取值范围为 $3 < n < 13$。对 BP 神经网络进行多次反复试验与误差比较，确定隐含层节点数为 10。

5.4.1.4 BP 神经网络的建立与训练

采用 newff 函数创建 BP 神经网络，输入层到隐含层的权值为 $IW\{1,1\}$，阈值为 $b\{1\}$，均采用 S 型对数函数 logsig 作为传递函数；隐含层到输出层的权值为 $IW\{2,1\}$，阈值为 $b\{2\}$，由于能见度均大于 0，输出层也采用 S 型对数函数 logsig 作为传递函数。

用不同的传递函数或学习函数构建 BP 神经网络，通过测试选取效果较好的网络参数。训练函数的选取涉及网络的收敛速度及其精度，因此相当重要。而适用于 BP 神经网络的训练函数很多，而且各有特点，因此要根据具体问题进行具体分析，并进行多次对比试验。最后将网络训练参数设置如下：

net. trainParam. show=50；

net. trainParam. lr = 0. 01；

net. trainParam. mc = 0. 95；

net. trainParam. epochs =1000；

net. trainParam. goal = 0. 0001。

5.4.1.5 模型应用及检验

本节使用 Matlab 神经网络工具箱的 newff 函数建立浓雾过程中低能见度预测的 BP 神经网络模型，选取 2013 年和 2014 年秋冬季浓雾个例(59 个)作为样本数据进行网络构建和验证，其中 50 个样本作为训练网络，其余 9 个样本作为测试样本验证，整体的验证效果见表 5.4。

表 5.4 训练网络的误差分析

误差类型	误差值(%)
平均绝对误差	10.58
平均相对误差	6.18
均方根误差	15.37

以大广高速公路沿线武强服务区和衡水服务区两个站为例，选取 2014 年 9 月 18 日和 11 月 28 日两次浓雾过程中能见度变化进行分析检验。图 5.10 和图 5.11 可以直观看出两次浓雾过程中武强和衡水两站能见度的模拟效果，BP 神经网络模型能够很好地模拟能见度随时间的变化趋势，但不能很好地模拟浓雾过程中能见度的突变和极值变化。

从验证效果来看(表 5.5)，能见度实测值和模拟值的平均绝对误差为 10.68～13.99 m，平均相对误差为 3.75%～11.42%，均方根误差为 11.68～18.32 m，验证了 BP 神经网络在浓雾过程中对低能见度预测的有效性。

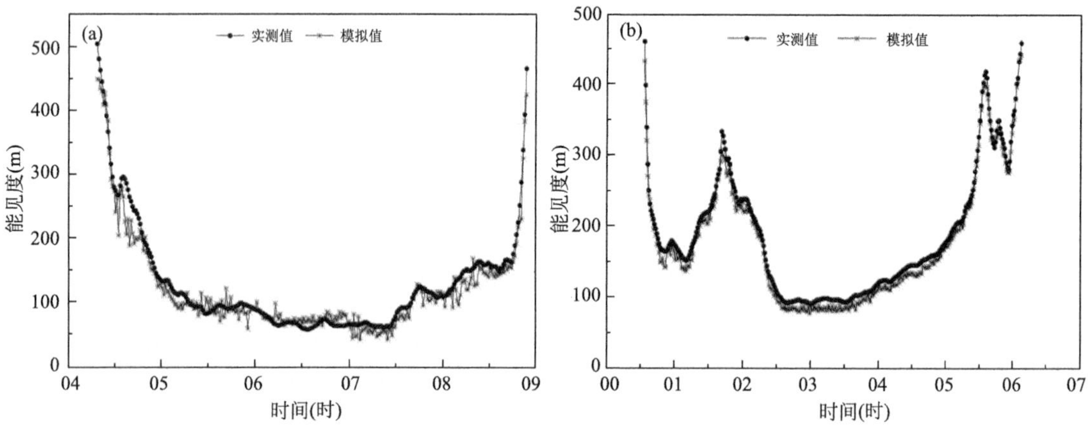

图 5.10　2014 年 9 月 18 日武强(a)、衡水(b)能见度实况与模拟结果对比

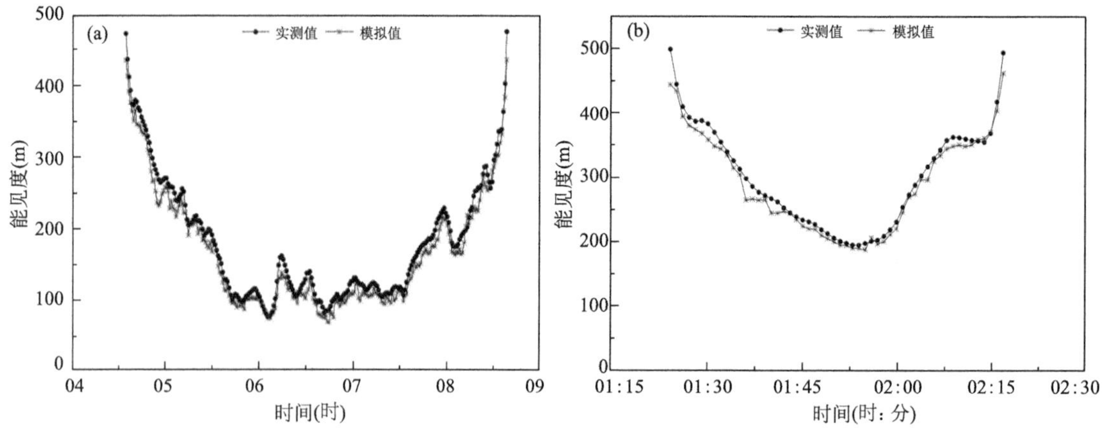

图 5.11　2014 年 11 月 28 日武强(a)、衡水(b)能见度实况与模拟结果对比

表 5.5　BP 神经网络模型浓雾个例效果检验

	误差类型	平均绝对误差	相对误差(%)	均方根误差
9 月 18 日	武强服务区	13.67	11.42	18.32
	衡水服务区	13.99	8.41	16.25
11 月 28 日	武强服务区	10.68	6.93	11.68
	衡水服务区	11.64	3.75	14.78

5.4.2　基于 CART 决策树的能见度分类预报方法

5.4.2.1　CART 决策树原理

CART 决策树(分类回归树算法)呈二叉树结构,采用基尼指数作为衡量数据集纯度的标准,能够预测个例的变化趋势。算法从根节点开始,针对样本属性对每一个非叶节点进行预测,新子节点也通过循环完成,若新子节点中所有元素属于同一类别,则该节点被标记为叶子节点并停止划分。

在分类中，对于一个给定的样本集合 D，其基尼指数可以表示为

$$\mathrm{Gini}(D)=1-\sum_{k}p_k^2$$

Gini 系数表示该数据集中样本属于某一类的不确定程度，Gini 系数越小，样本类别的不确定性越小。如样本集合 D 中只有一个类别，Gini 系数为 0，样本类别不确定性为 0。

对于含有 N 个样本的集合 D，根据特征 A 的第 i 个值，将样本集合 D 分割成 D_1 和 D_2，Gini 系数为

$$\mathrm{Gini}_{A,i}(D)=\frac{D_1}{D}\mathrm{Gini}(D_1)+\frac{D_2}{D}\mathrm{Gini}(D_2)$$

对于样本集，计算每个特征的最小基尼指数 $\min_{i\in A}(\mathrm{Gini}_{A,i}(D))$。

对于数据集中的属性，在最优二分方案下选取最小值 $\min_{A\in \mathrm{Attribite}}(\min_{i\in A}(\mathrm{Gini}_{A,i}(D)))$，作为样本 D 的方案。

在不加限制的情况下，一棵决策树可以生长到纯度最优，这样训练集拟合效果很好，测试集拟合效果差，把这种现象称为过拟合。经检验，下采样时多数类别样本数量与少数类别样本数量的比例为 1 时，即无雾日数与有雾日数相同时，模型严重过拟合；不设置任何参数时，模型同样过拟合。因此，需要通过下采样和剪枝处理来防止上述现象的发生，正确的剪枝策略是决策树算法的核心。

剪枝过程就是调整模型参数到最佳状态的过程，一般有两种调整方式：一种是单个参数逐个调整，第二种是通过网格搜索的方式整体对所有参数批量调整。所谓网格搜索法是一种调参手段，其原理是在所有候选的参数选择中，通过循环遍历，尝试每一种可能性，表现最好的参数就是最终的结果。

5.4.2.2　构建前数据处理及影响因子选择

根据京津冀雾的分布特征及高速公路路网密度等情况，选取石家庄为代表站进行研究。首先将石家庄地区的日最小能见度数据作为目标变量，通过对能见度的影响因子进行分析，分别确定最小能见度的影响因子，确定输入变量。参照《高速公路能见度监测及浓雾的预警预报》(QX/T 76—2007)，结合气象部门的能见度监测和预报预警试验研究，将影响高速公路运营的能见度划分为 2 个级别，以能见度 750 m 为阈值，小于 750 m 记为有雾，标记为数值 1，大于 750 m 记为无雾，标记为数值 0。

在建模与检验过程中，将冬季高发时段(简称“冬季”)定义为每年 10 月—次年 1 月，夏季高发时段(简称“夏季”)定义为每年 2—9 月；白天定义为每日 09—20 时，夜间定义为每日 21 时—次日 08 时。

统计河北省 142 个国家气象站 2016—2019 年逐小时气象观测数据，得出石家庄地区最小能见度数值和同期各气象因子的相关性结果如下：过去 3 h 变压、相对湿度两个因子与能见度呈负相关，其余要素均与能见度呈正相关。其中，2 min 风速、地表温度、地表最低温度、过去 3 h 变压、过去 24 h 变温、相对湿度、整点气温、最低气温、最高气温与最小能见度的相关系数通过了 $\alpha=0.01$ 的显著性检验(表 5.6)，表明这些因子与最小能见度存在显著的相关性，用 CART 算法构建决策树时，以上气象因子可作为输入变量。

基于气象因子构建能见度预测模型时，利用构建的决策树确定影响能见度的气象因子以

及它们之间的关系，即可得到预测规则集。由于逐小时的最高最低气温与整点气温数值差别不大，因此输入变量以整点气温为准，同理，地表温度也可作为输入变量。

表 5.6　气象因子与最小能见度的相关性

气象因子	相关系数	气象因子	相关系数
2 min 风向	0.084	露点温度	0.077
2 min 风速	0.330**	相对湿度	−0.579**
地表温度	0.355**	整点气温	0.308**
地表最低温度	0.358**	最低气温	0.308**
过去 3 h 变压	−0.170**	最高气温	0.313**
过去 24 h 变温	0.105**		

** 表示通过 $\alpha=0.01$ 的显著性检验

5.4.2.3　基于 CART 决策树的能见度预测模型

建立 CART 决策树的能见度预测模型的过程大致如下：首先获取输入变量数据（多项气候因子数据），并进行预处理（剔除缺测值，目标变量及输入变量的选择）；其次采用下采样方法，从多数类别数据中随机抽取样本，从而减少多数类别数据，使数据达到相对平衡的方式；再次随机选取部分数据作为训练集，将处理好的气候因子数据作为输入变量、能见度 ong-hot 编码作为目标变量，利用 Scikit-learn 模块中的 CART 算法建立模型，得到预测规则集；最后选取剩下的数据作为测试集计算模型的各项评分。

调参过程中先对参数画出学习曲线，预估一个大概范围，然后用网格搜索法确定最终值，以减少搜索时间。决策树算法核心属性是最大深度（max_depth）和 criterion 算法的选择，这两个参数直接影响决策树的精确度。经调参，模型最佳参数组合为 criterion＝gini，max_depth＝6，min_samples_leaf＝2，下采样时多数类别数据与少数类别数据比例为 25（图 5.12）。

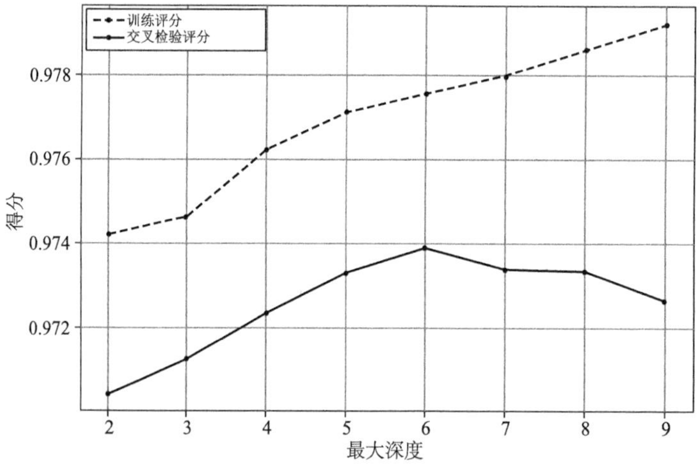

图 5.12　模型参数最大深度训练结果

将调试评分最高的参数带入决策树算法中进行训练，训练集使用 2016—2018 年石家庄站逐时资料，其中 70％用以训练，30％用以自测，模型自测评分达到 97.4％。

值得注意的是，模型自测混淆矩阵中，由于无雾时次的预报占相当大的比重，而本节关注的有雾时次占比相对较小，因此不同于前人研究中的模型检验，本节参考 THORNES 等（2001）的天气预报评定方法，利用混淆矩阵，对比分析模型预测的准确率、漏报率和空报率。

部分决策树如图 5.13 所示，以最上层节点为例，“humidity≤96.5，value＝[180297，5975]，gini＝0.062，class＝0”表示以相对湿度 96.5％为分界点，小于该阈值为类别 0，大于该阈值为类别 1，两类数据的样本量分别为 180297 和 5975，基尼指数为 0.062。

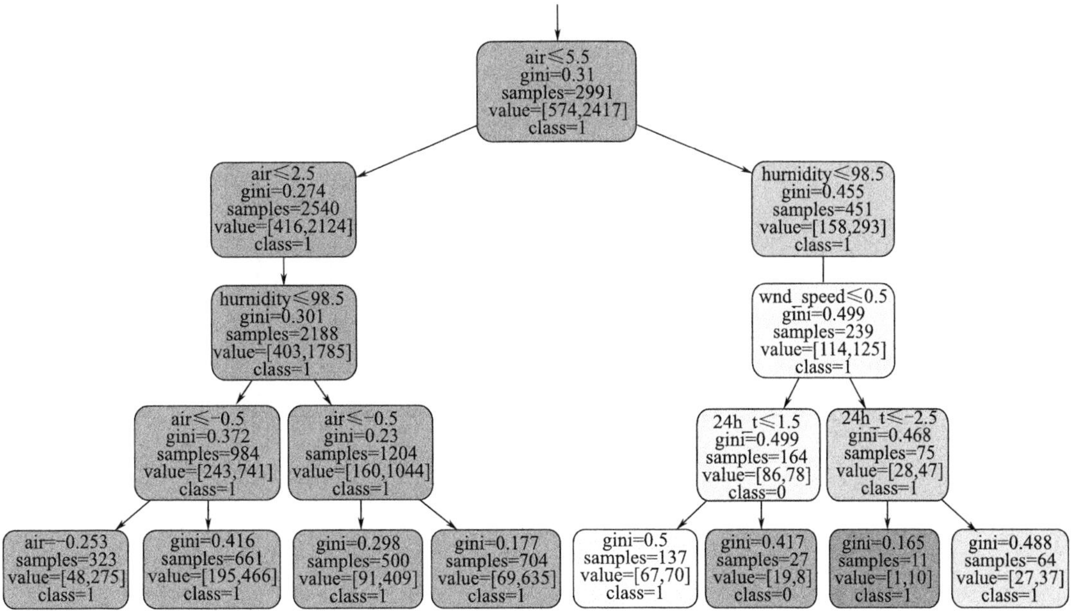

图 5.13　通过 CART 决策树产生的能见度分类决策树部分图

通过样本的采集，能够直接知道真实情况下，哪些结果是 positive，哪些结果是 negative。同时，通过样本数据跑出分类型模型的结果，也可以知道模型认为哪些数据是 positive，哪些是 negative。因此，就能得到如下四个基础指标：

真实值是 positive，模型结果是 positive 的数量（True Positive＝TP），即对应真实有雾且预报出有雾的 1481 个时次数据；

真实值是 positive，模型结果是 negative 的数量（False Negative＝FN），这是统计学上的第二类错误（Type Ⅱ Error），即对应真实有雾但未预报出有雾的 681 个时次数据；

真实值是 negative，模型结果是 positive 的数量（False Positive＝FP），这是统计学上的第一类错误（Type I Error），即对应真实无雾但预报出有雾的 867 个时次数据；

真实值是 negative，模型结果是 negative 的数量（True Negative＝TN），即对应真实无雾且预报出无雾的 137017 个时次数据（图 5.14）。

5.4.2.4　基于 CART 决策树的能见度分类预报模型检验

THORNES 等（2001）的天气预报评定方法中误报率指 FP/（FP＋TN），TN 远大于 FP 导致误报率趋近于 0，不适用于评定二分类数据样本不均衡的情况。因此，使用 FP/（FP＋TP）的方法评定误报率，其物理意义为实际无雾时次却预报为有雾时次占比总预报时次的方法能够较好地解决该问题。

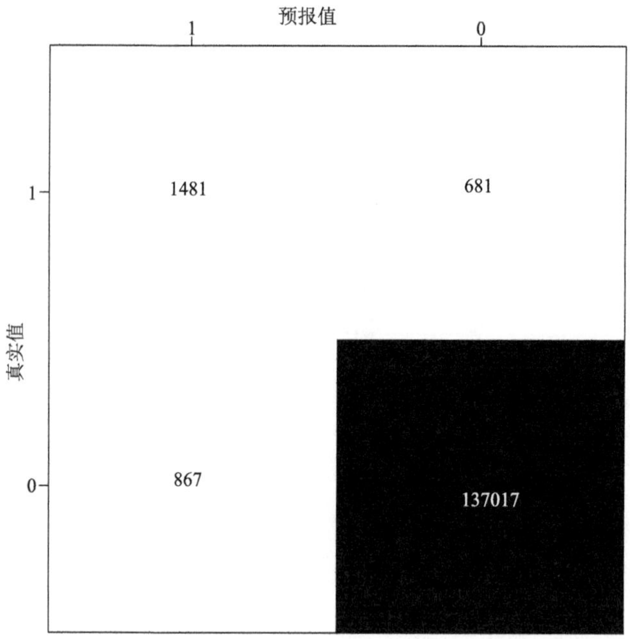

图 5.14　混淆矩阵检验结果

经统计，选取的样本中，模型预报有雾时次的准确率为 1481/(1481+681+867)≈48.9%；漏报率为 681/(681+1481)≈31.5%；误报率为 867/(867+1481)≈36.9%。若不剪枝和下采样，使用原数据建模后 TS 评分仅为 16%，虽然每次抽样后训练集会有所变化，导致模型在 4～5 层时略有不同，但整体 TS 评分均保持在 47%～51%，较好地将少数类别样本与多数类别样本区分开，并且对于有雾时次的预报准确率优于神经网络的预报结果。

按照上述统计方法，针对石家庄地区的低能见度情况进行分类预报检验，结果如下，冬季低能见度天气预报准确率显著高于夏季，夏季漏报情况也显著多于冬季，但夏季误报率却低于冬季。说明该模型对于冬季的预报效果较好，但其较高的准确率会伴随着较高的误报率；夏季的预报效果略低，其漏报率较高，但误报率较低。日夜差别在夏季并不明显，三个指数差别不大，冬季夜晚的准确率与误报率明显优于白天，漏报率略高。这可能是由于冬季昼夜变温相对夏季不明显造成的，并且试验中所选用的资料并未引入污染物数据，因此模型训练中无法考虑霾导致的低能见度天气现象，冬季华北地区的雾/霾现象也会造成误报、漏报的情况。

表 5.7 给出了模型对石家庄周边国家站 2019 年能见度有无雾的拟合结果，为进一步检验模型，图 5.15 给出了石家庄站 2019 年 12 月 7—10 日的三次大雾过程拟合情况。经统计，12 月 7—10 日共 96 个时次，漏报率为 0，真实有雾且预报有雾的时次数为 36 次，误报数为 20 次，真实无雾且预报为无雾的时次数为 40 次。

表 5.7　不同时段该模型的预测检验结果　　单位：%

	夏日	夏夜	冬日	冬夜
准确率	42.1	41.1	49.8	55.0
漏报率	51.4	52.8	15.7	21.6
误报率	24.1	24.0	45.1	35.1

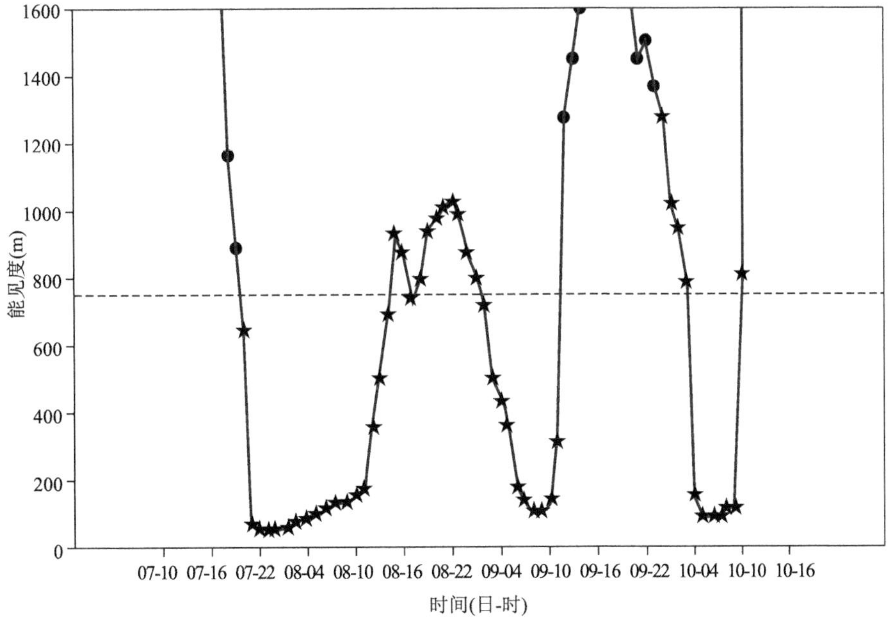

图 5.15　石家庄站 2019 年 12 月 7—10 日的三次大雾过程拟合结果

图中实线表示各时次能见度实况随时间的变化,★表示模型预报有雾的结果,●表示模型预报无雾的结果。可以看出,该模型对三次低能见度天气的拟合结果较为理想,无一漏报。对于 8 日夜间和 10 日凌晨能见度高于 750 m 小于 1000 m 的情况误报为有雾,考虑到低于 1000 m 的轻雾对交通也存在一定的影响,可认为模型拟合结果较好。

第 6 章　高速公路路面温度预报方法

6.1　基于统计学方法的路面温度预报模型

6.1.1　高速公路路面温度与气象因子的相关分析

利用京石高速公路沿线保定、望都和正定三套交通气象观测站 2007 年 12 月—2009 年 11 月的逐分钟路面温度监测资料，分析其与所在行政区县国家气象站气象因子的相关关系。计算日路面最高温度与本站 14 时气象要素的相关系数，日路面最低温度与本站 08 时气象要素的相关系数。从表 6.1 可以看出，路面最高温度与气温、能见度和风速呈正相关，而与总云量、6 h 降水量、低云量、露点温度和相对湿度呈负相关，并且与气温和相对湿度的相关关系最为显著，相关系数的绝对值分别高于 0.76 和 0.57。冬季路面最高温度与 6 h 降水量相关关系不显著。路面最低温度则与气温、露点温度、总云量、相对湿度、低云量和风速呈正相关，其中与气温和露点温度的相关关系最为显著，相关系数分别高于 0.82 和 0.57，与风速和 6 h 降水量的相关关系不显著。路面最低温度与能见度呈较为显著的负相关关系。在所选的八项气象因子中，气温与路面温度始终呈正相关，并且在各项因子中最显著。而总云量、低云量、露点温度、能见度和相对湿度，与路面最高温度和路面最低温度的相关性是相反的，且均与其中的一个相关显著而另一个不太显著。风速和 6 h 降水量与路面最低温度相关均不显著。

表 6.1　冬夏两季路面最高、最低温度与气象因子的相关系数

路面温度	总云量	风速	6 h 降水量	低云量	露点温度	能见度	气温	相对湿度
夏季路面最高温度	−0.43	0.19	−0.36	−0.68	−0.19	0.50	0.83	−0.74
冬季路面最高温度	−0.42	0.23	(−0.13)	−0.33	−0.29	0.34	0.76	−0.57
夏季路面最低温度	0.28	(0.02)	(−0.05)	(0.03)	0.57	−0.32	0.82	0.17
冬季路面最低温度	0.20	(0.11)	(0.09)	0.25	0.64	−0.27	0.83	0.20

用“()”标注的为对于 $\alpha=0.01$ 的 F 检验相关性不显著

从表 6.1 还可以看出，总体来说，夏季路面最高温度与所选取的八项气象因子的相关关系最好。为了进一步分析夏季路面最高温度与气象因子的相关关系，选取 2009 年 6 月正定站的日最高路面温度、14 时气温、14 时相对湿度和 14 时低云量（即表 6.1 中与夏季路面最高温度相关系数绝对值最大的三项因子）绘制曲线图（图 6.1）。从图 6.1 中除了可以看出表 6.1 中呈现的夏季路面最高温度与 14 时气温呈正相关，与 14 时相对湿度和 14 时低云量呈负相关外，还可以发现，路面最高温度始终高于 14 时气温，但是低云量越多，二者的差值越小。当没有低云时，日最高路面温度与 14 时气温的差值最大可达 22 ℃，充分体现了辐射和辐射积累对地表增温的作用。

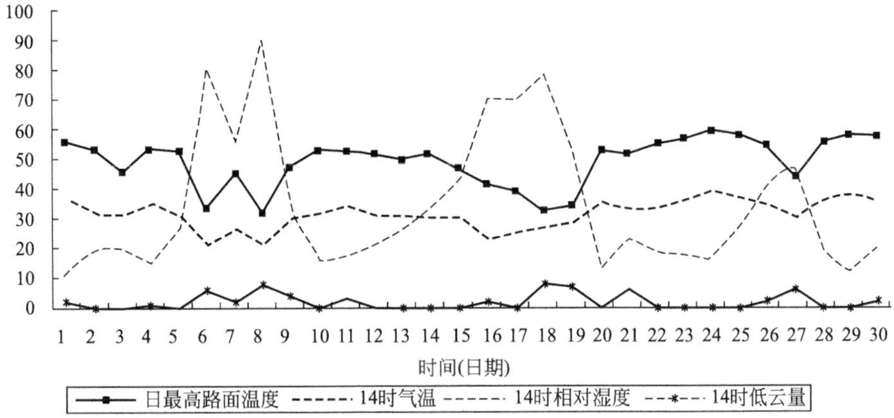

图 6.1　2009 年 6 月 1—30 日正定站逐日路面最高温度和 14 时气温(℃)、相对湿度(%)及低云量(成)变化曲线

6.1.2　路面温度预报统计学模型

选取京石高速公路沿线保定、望都、正定三个自动监测站 2007 年冬季(2007 年 12 月—2008 年 2 月)和 2008 年夏季(2008 年 6—8 月)的日最高路面温度、日最低路面温度监测资料为预报因子，选取对应前一日依据数值模式订正的该站总云量、风速、6 h 降水量、低云量、露点温度、能见度、气温及相对湿度 24 h 预报值为变量因子，运用多元回归方法建立冬夏两季路面最高温度和路面最低温度预报模型：

夏季：
$$T_g = 33.911 - 0.162095x_1 + 0.741834x_2 + 0.0250854x_3 - 0.103184x_4 + 0.552997x_5 - 0.000073x_6 + 0.507161x_7 - 0.318733x_8$$

$$T_d = -14.7449 + 0.09923x_1 - 0.47088x_5 - 0.03351x_6 + 1.46235x_7 + 0.15561x_8$$

冬季：
$$T_g = -2.45774 + 0.05508x_1 - 0.16028x_2 + 0.04424x_4 - 0.43203x_5 - 0.09556x_6 + 1.20134x_7 + 0.0373x_8$$

$$T_d = -9.42254 - 0.00674x_1 - 0.00011x_4 - 0.18352x_5 + 0.08235x_6 + 0.8452x_7 + 0.0949x_8$$

式中，T_g (℃)为路面最高温度，T_d (℃)为路面最低温度，x_1 为总云量，x_2(m/s)为风速，x_3(mm)为 6 h 降水量，x_4 为低云量，x_5(℃)为露点温度，x_6(km)为能见度，x_7(℃)为气温，x_8(%)为相对湿度。预报路面最高温度时选取次日 14 时本站气象要素值，预报路面最低温度时选取次日 08 时本站气象要素值。建立预报模型时，根据表 6.1，将相关不显著的因子予以剔除。表 6.2 给出了以上四个预报模型的样本数、复相关系数等信息。四个预报模型的复相关系数均大于 0.83，均通过 $\alpha=0.001$ 显著性检验。

表 6.2　各预报模型的参数

预报模型	样本数	自变量数	复相关系数	F 值	F 值检验($\alpha=0.001$)
夏季路面最高温度预报模型	269	8	0.90	4.83 *	$F_\alpha(8,250)=3.40$
夏季路面最低温度预报模型	272	5	0.87	9.69 *	$F_\alpha(5,250)=4.25$
冬季路面最高温度预报模型	251	7	0.83	7.51 *	$F_\alpha(6,250)=3.88$
冬季路面最低温度预报模型	250	6	0.91	5.84 *	$F_\alpha(7,250)=3.61$

用“ * ”标注的为通过 $\alpha=0.001$ 显著性检验

6.1.3 路面温度预报模型检验

将 2008 年冬季和 2009 年夏季保定、望都、正定三站次日 08 时总云量、风速、6 h 降水量、低云量、露点温度、能见度、气温及相对湿度预报值(去掉不显著的要素)代入路面最高温度预报模型,将预报的次日 14 时总云量、风速、6 h 降水量、低云量、露点温度、能见度、气温及相对湿度预报值代入路面最低温度预报模型,分别得出 2008 年冬季和 2009 年夏季的路面最高温度和路面最低温度的预测值,并与三站的路面温度实际监测值进行对比分析,如图 6.2(细实线为理想状态拟合曲线,粗实线为预报值和实况值的实际对比趋势线)所示。可以看到,四张散点图的数据点都集中而且比较均匀地分布在理想状态拟合线(45°等值线)的两侧,说明四个预报模型对冬夏两季路面最高温度和路面最低温度的预报精度较高。由于我们更为关注夏季路面最高温度和冬季路面最低温度,因此着重分析夏季路面最高温度预报模型效果(图 6.2a)和冬季路面最低温度预报模型效果(图 6.2d)。图 6.2a 显示,模型对 40～60 ℃范围内的路面温度预报效果较好,而 30 ℃以下的范围效果稍差。图 6.2d 对－5 ℃以下的路面低温预报略偏高,可能是由于没有考虑雪盖的影响。进一步分析 2008 年冬季 90 个实测路面温度低于－5 ℃的样本发现,冬季路面最低温度预报模型的预报误差在 2 ℃以内的占 80%,1 ℃以内的占 44%,预报效果良好。

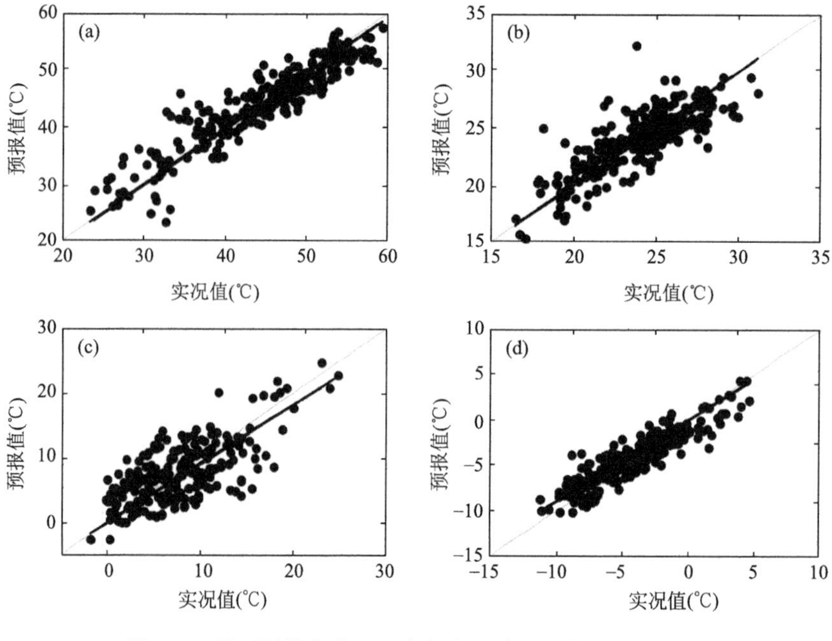

图 6.2 模型预报的路面温度与实际路面温度对比散点图

(a. 夏季路面最高温度;b. 夏季路面最低温度;c. 冬季路面最高温度;d. 冬季路面最低温度)

6.2 基于路面温度机理模型的预报方法

6.2.1 METRo 路面温度机理模型简介

METRo(Model of the Environment and Temperature of Roads)是加拿大开发的路面温

度预报模型，模型以道路的观测资料和气象数值预报产品作为输入，结合观测和预报数据，能够实现对地表温度的长时间预报。

METRo 模型最主要的物理过程包括三部分。

一是地表能量平衡模型，能量平衡中有 7 个变量贡献来源于大气，具体表达式为

$$R=(1-\alpha)S+\varepsilon I-\varepsilon\sigma T_s^4-H-L_aE\pm L_fP+A$$

式中，R(W/m²)为净太阳辐射、净长波辐射、感热、潜热、降水(雨雪)相态变化以及人为热的总和；S(W/m²)为入射的太阳辐射；α(%)为地表反照率；ε(%)为长波发射率；I、σT_s^4(W/m²)分别为地表向下、向上长波辐射；H(W/m²)为感热；L_aE(W/m²)为潜热；L_fP(W/m²)为降水相态变化潜热，其中 P(m/s)为降水率，L_f(J/m³)为水的融化热容量；A(W/m²)为人为热。

二是土壤的热传导模型，使用一维热传导模型，计算土壤温度的廓线分布，具体公式为

$$C(z)\frac{\partial T(z_0t)}{\partial t}=\frac{\partial G(z_0t)}{\partial z}$$

式中，C(J/(m² · s))为土壤热容量；T(℃)为土壤温度；G(J/(m² · s))为土壤热通量；z(m)为土壤深度；t(s)为时间。

三是地表冰/水堆积模型，冰和水的积累和相态的改变受控于以下方程：

$$\frac{\mathrm{d}W_i}{\mathrm{d}t}=P-E+\frac{R-G_1}{L_f}-r$$

式中，$\mathrm{d}W/\mathrm{d}t$ 表示单位时间内液态水的变化率，i 表示冰或水；G_1(J/(m² · s))为土壤第一层向下的热通量传导效率；r(m/s)为径向流速；P(m/s)为降水率；E(m/s)为蒸发或升华效率。

从 METRo 模型的主要物理过程可以看出，该模型可以很好地刻画路面的能量、热量和结冰过程。应用该模型时对路面剖面的勘测定参有很高的要求，为了解决大部分天气数值模式没有人为热输出的问题，同时为了减少道路剖面实地勘测的工作量，我们提出人为热参数法。

6.2.2 人为热参数方案

人为热是指由于人类生产、生活所产生的热量。对于城市周边及交通枢纽地段，人为热是一个重要的地表能量，与气温和辐射等因子一样对路面温度有较大影响。目前，人为热计算方法主要有两种：一种是基于物理过程的人为热预报方案，通过人为热的物理影响过程计算，确定人为热的变化情况；另一种是基于气候数据的统计方法，通过建立人为热的气候数值用于路面温度模拟。这里采用统计方法，通过基于模型和观测数据的人为热训练方案，确认模拟站点的人为热气候情况。需要注意的是，拟合出的人为热参数，既包括实际人为热，还包括对 RMAPS 系统和 METRo 模式系统性误差的订正。可以利用 METRo 模型的前置参数，有效地提高路面温度的预报效果。

在 METRo 模型大气预报数据中写入人为热初猜值，驱动模型，模拟 2016 年冬季北京回龙观交通气象观测站的路面温度。采用大量样本数据多次循环的方式，根据平均绝对误差增减人为热的猜测值，直到平均绝对误差小于 0.2 ℃为止。图 6.3 为 2016 年冬季各月北京回龙观站人为热日变化，可以看出，18 时—次日 08 时为正值，其中晚高峰时段可超过 100 W/m²，而白天，尤其是正午前后，有非常明显的负反馈作用，其中 12 月和 1 月均超过−100 W/m²，2 月超过−250 W/m²。可见，冬季夜间人为热使路面温度升高，白天则对路面温度有明显的降温作用。

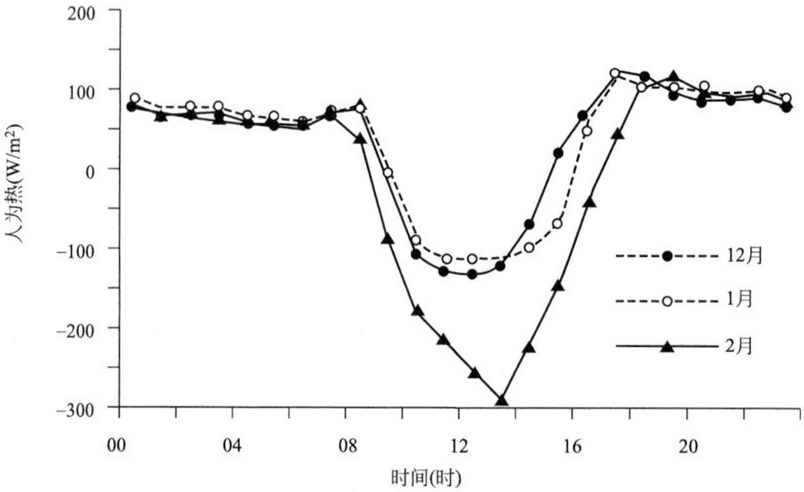

图 6.3　2016 年冬季北京回龙观站各月拟合人为热的日变化

6.2.3　METRo 路面温度机理模型运行

选取 2016 年和 2017 年冬季(12 月—次年 2 月)京藏高速公路北京回龙观站逐时气温、露点温度、是否降水(是/否)、风速、路面状况(干燥、冰、雪等)、路面温度和路基温度等交通气象观测数据,其中 2016 年冬季资料用于人为热参数的训练,2017 年冬季资料用于路面温度预报效果检验。

选取华北区域气象中心 RMAPS-IN 和 RMAPS-ST 两种预报系统拼接的逐小时数据,RMAPS-IN 系统中选取气温、露点温度、降水、风速要素,RMAPS-ST 系统中选取地表气压和辐射要素,均为每 3 h 输出一次的未来 1～6 h 的预报数据。

逐 3 h 运行一次 METRo 模型,对未来 6 h 的路面温度进行预报。METRo 模型运行前,输入前 12 h 的交通气象站观测数据和气象预报数据,通过土壤热传导模型估算初始土壤廓线,然后进入"耦合"相态,获取气象数据修正参数,对短临预报(未来 6 h)进行修正。最后使用修正后的气象预报数据,驱动 METRo 模型进行路面温度的预报。图 6.4 为模型运行流程。

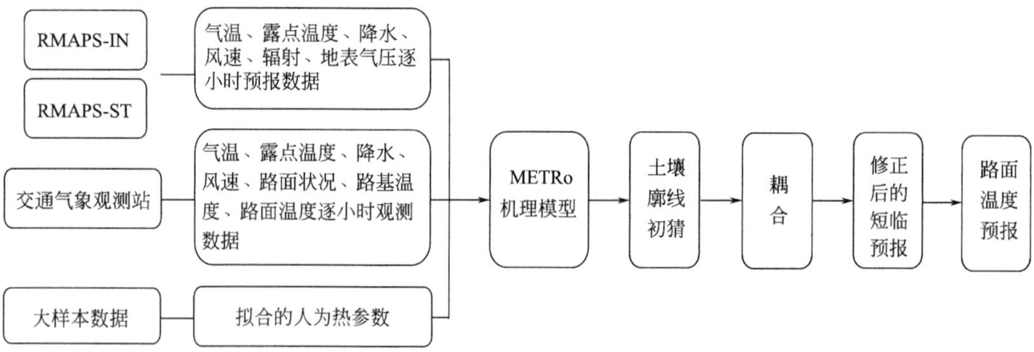

图 6.4　METRo 模型运行流程图

6.2.4 METRo 路面温度机理模型及效果检验

图 6.5 为 2017 冬季不考虑人为热和考虑人为热时模拟的路面温度均方根误差逐时变化。可以看出，当不考虑人为热（该参数为 0）时（图 6.5a），模拟的路面温度与观测实况存在较大误差，大部分时段均方根误差超过 3 ℃，在中午前后甚至达 8 ℃以上，模拟结果较差。从模拟与实测的路面温度散点图（图略）可以看出，模拟的路面温度也存在高温偏高、低温偏低的情况，而且温度偏差相当明显。由图 6.5b 可以看出，考虑人为热后，大部分时段特别是在夜间，均方根误差在 1 ℃左右。均方根误差最大值在中午前后，误差值约 3 ℃。这主要是因为中午前后气象模式预报太阳辐射存在较大误差，进而导致路面温度产生较大误差，然而误差最大值已明显小于未引入人为热参数时的数值。

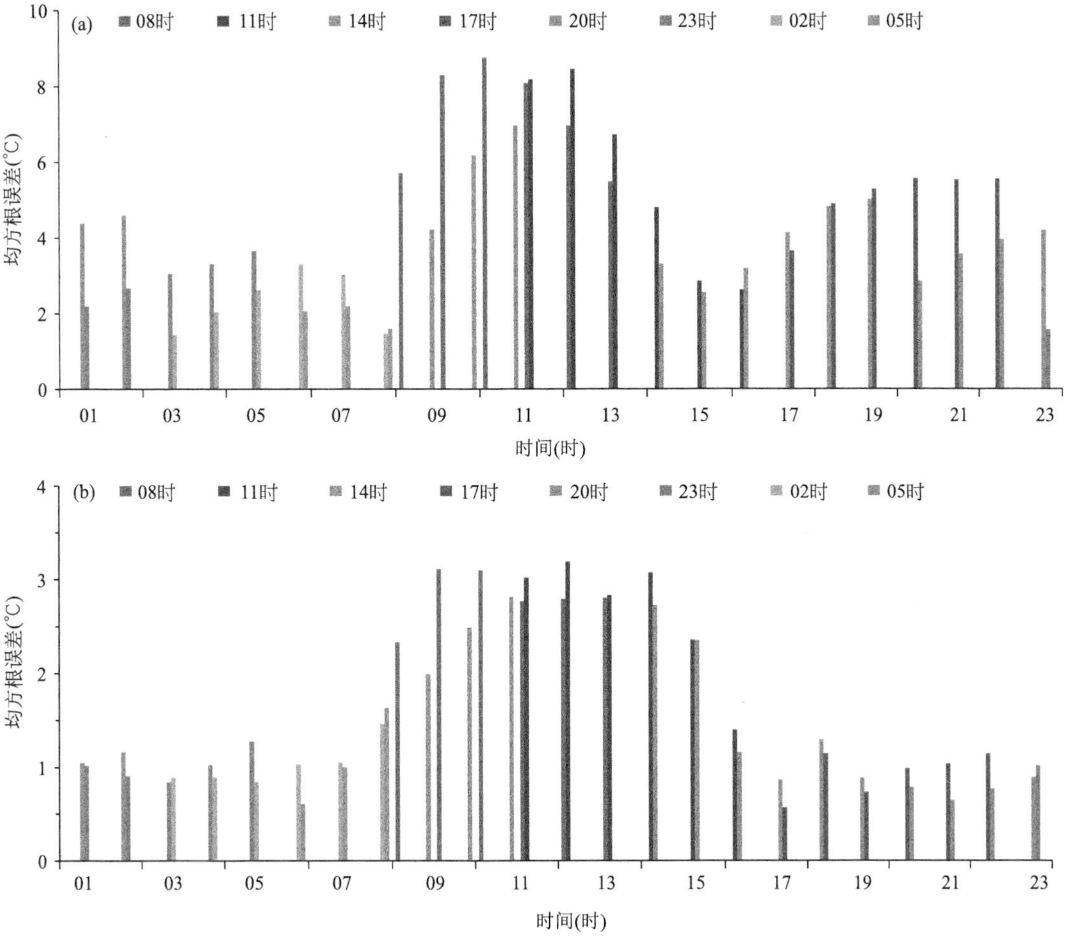

图 6.5 2017 年冬季北京回龙观站引入人为热前后不同起报时间的未来 1～6 h 路面温度均方根误差(附彩图)
（a. 未来 1 h；b. 未来 2 h）

图 6.6 为 2017 年冬季北京回龙观站不同起报时间对未来 1～6 h 预报的绝对误差对应样本占比分布。可以看出，预报时间 09—16 时，由于模式输入的太阳辐射存在较大误差，预报的路面温度存在较大误差。夜间模拟的路面温度效果相对较好，误差基本在 2 ℃以内，这对冬季夜间的结冰预报有较好的支撑能力。

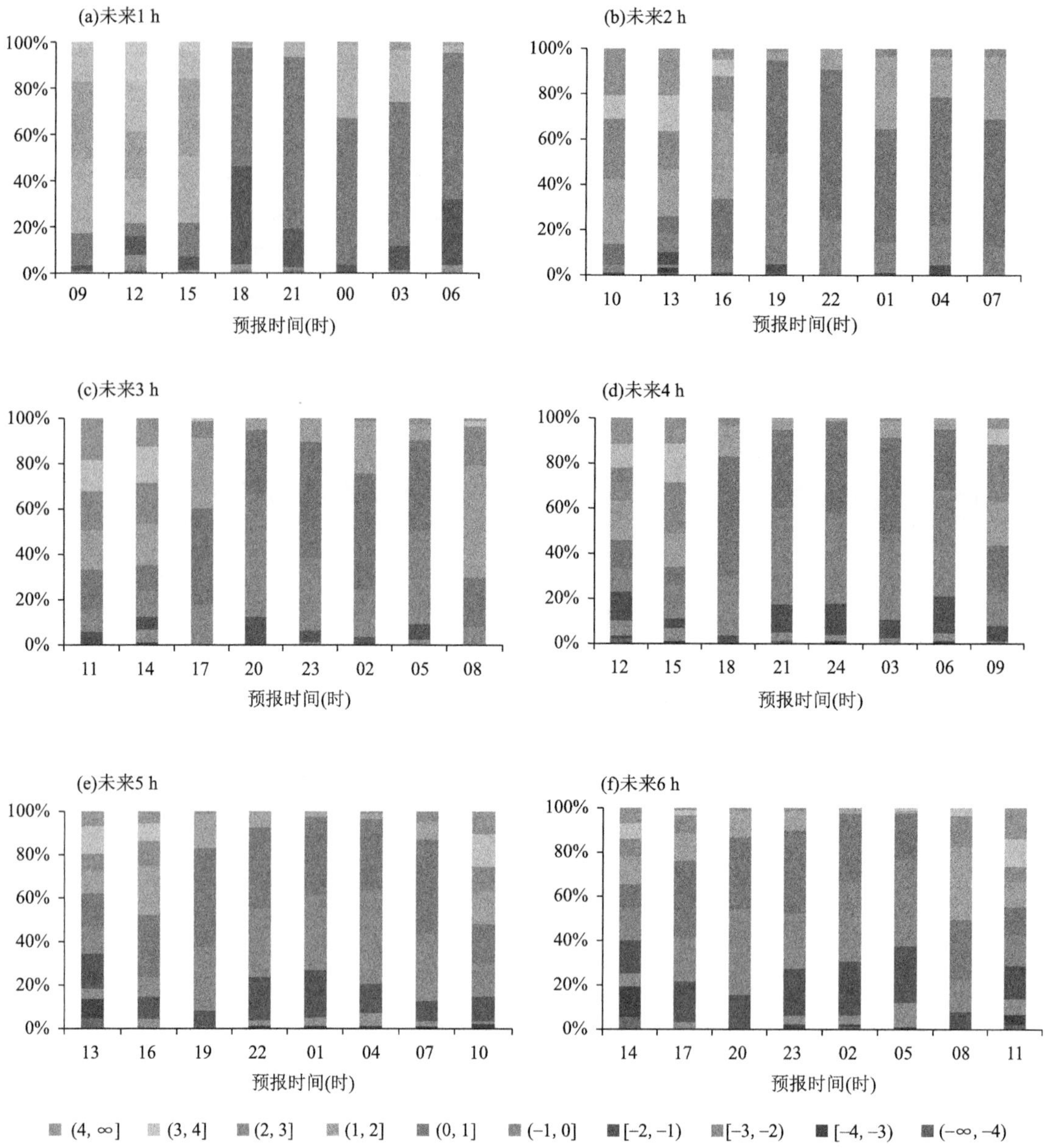

图 6.6　2017 年冬季北京回龙观站不同起报时间的未来 1～6 h 绝对误差对应样本占比分布(附彩图)
(横坐标从左到右分别对应 08 时、11 时、14 时、17 时、20 时、23 时、次日 02 时、05 时起报)

参考 THORNES 等(2001)的天气预报评定方法，对路面温度的模拟结果进行评定，具体公式如下：

$$\begin{cases} R = \dfrac{A+D}{A+B+C+D} \times 100\% \\ L = \dfrac{C}{A+C} \times 100\% \\ W = \dfrac{B}{B+D} \times 100\% \\ P = 1 - L - W \end{cases}$$

式中，R、L、W(%)分别为正确率、漏报率、误报率；P 为 Peirce 技巧评分；A(个)为实际观测的路面温度和模拟的路面温度均低于 0 ℃的样本数；B(个)为实际观测的路面温度高于 0 ℃而模拟的路面温度低于 0 ℃的样本数；C(个)为实际观测的路面温度低于 0 ℃而模拟的路面温度高于 0 ℃的样本数；D(个)为实际观测的路面温度和模拟的路面温度均高于 0 ℃的样本数。A 和 D 均表示预报正确，而 B 可导致路面结冰空报，视作第一类误报情况，C 可导致路面结冰漏报，视作第二类误报情况。

表 6.3 列出了 2017 年冬季北京回龙观站路面温度预报的评定结果。可以看出，B 随着预报时长的增加逐渐增多，C 的数量未来 1～3 h 在 51～56 个，未来 4～6 h 维持在 40 个左右。预报正确率 R 在预报时长的前 5 h 均维持 90%以上，漏报率 L 基本维持在 20%以内，而误报率 W 在前 5 h 维持在 4%以内，随后增长至 8%。Peirce 预报技巧评分 P 基本在 0.8 左右，最高可达 0.85。

表 6.3　2017 年冬季北京回龙观站路面温度评定结果

预报时刻	B(个)	C(个)	正确率 R(%)	漏报率 L(%)	误报率 W(%)	P
未来 1 h	1	56	91	18	0	0.82
未来 2 h	6	55	90	18	2	0.80
未来 3 h	5	51	91	17	1	0.82
未来 4 h	9	39	92	13	3	0.85
未来 5 h	14	39	92	13	4	0.83
未来 6 h	28	39	89	13	8	0.79

为更好地验证模式的模拟能力，对 2017 年冬季 3 次明显的大风降温天气过程进行模拟。图 6.7 为 2017 冬季 3 次天气过程北京回龙观站气温及路面温度观测值和模拟值变化。可以看出，夜间，最低路面温度相差基本在 1～2 ℃，同时能很好地把握夜间气温降低的变化趋势。值得注意的是，路面温度变化和气温并非一致，存在一定的相位偏差，有些模型直接使用气温替代路面温度或者简单的线性拟合会存在较大误差。白天路面温度模拟仍存在一定的误差，因为白天辐射误差较大。

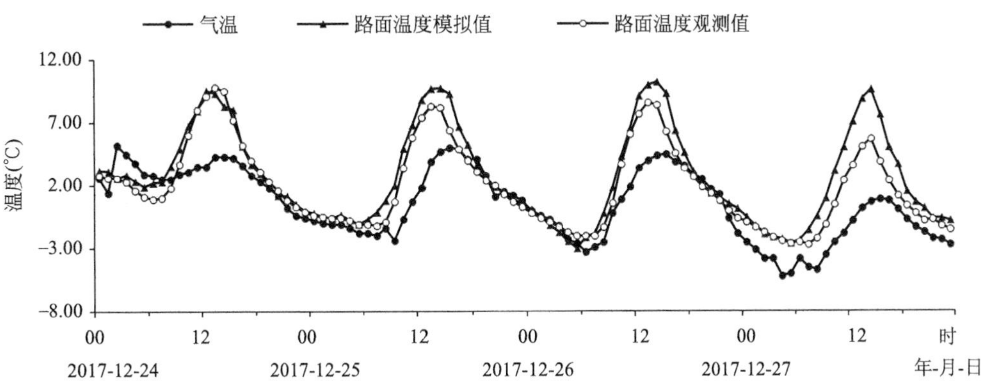

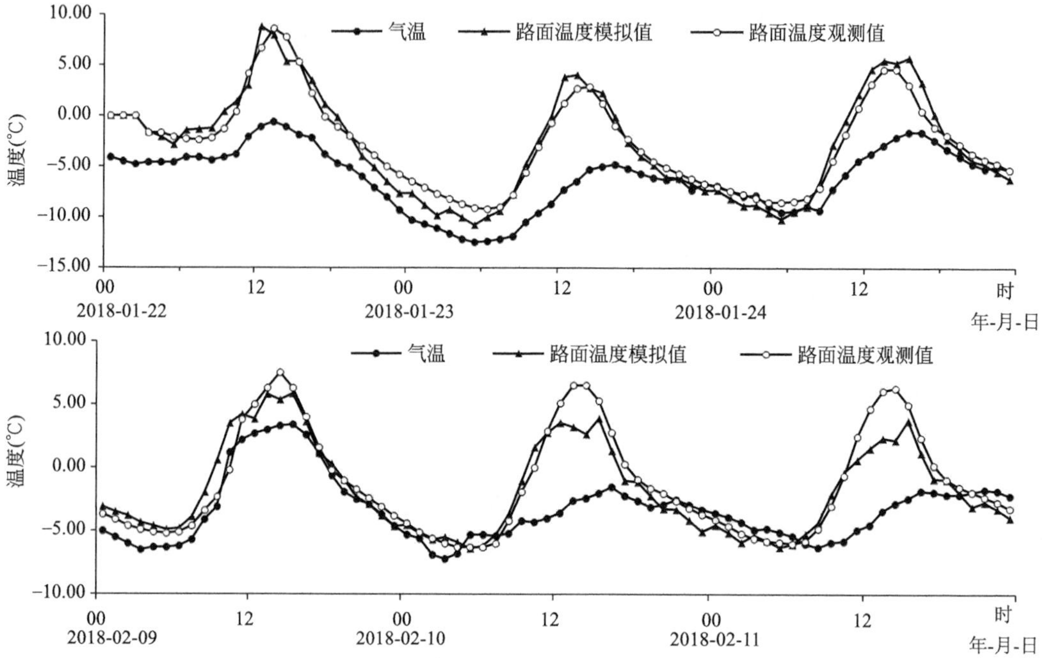

图 6.7　2017 年冬季 3 次天气过程北京回龙观站气温及路面温度的观测值和模拟值变化

第7章　基于WT模型的山区路段风订正方法

7.1　WT模型简介

WT模型是法国美迪公司研发的基于CFD(Computational Fluid Dynamics)计算流体力学的，主要用于野外复杂地形风的评估和模拟。具体原理如下：

假设在给定空间与时间的任意一点处的风速是由平均风速与随机分量叠加而成，则瞬时风速分量可以表示为

$$u=\overline{u}+u'$$

式中，$\overline{u}$ 为平均风速；u' 为脉动分量。

将其代入大气连续方程 $\frac{\partial \rho}{\partial t}+\frac{\partial \rho u_i}{\partial x_i}=0$ 进行积分，得到定常不可压缩质量守恒和平均雷诺纳维叶-斯托克斯方程(RANS)。

$$\frac{\partial \rho \overline{u}_i}{\partial x_i}=0$$

$$-\frac{\partial(\rho \overline{u}_j \overline{u}_i)}{\partial x_j}-\frac{\partial \overline{\rho}}{\partial x_i}+\frac{\partial}{\partial x_j}\left[\mu\left(\frac{\partial \overline{u}_i}{\partial x_j}+\frac{\partial \overline{u}_j}{\partial x_i}\right)-\overline{\rho u'_i u'_j}\right]+F_i=0$$

式中，ρ 为流体密度；u_i、u_j 分别为风速在 x_i 和 x_j 方向上的分量；$\overline{u_i}$、$\overline{u_j}$ 分别为平均风速在 x_i 和 x_j 方向上的分量；$\overline{u_i'}$ 和 $\overline{u_j'}$ 分别为脉动风速在 x_i 和 x_j 方向上的分量；μ 为湍流粘性系数；F_i 为外部源和汇；$\overline{\rho u'_i u'_j}$ 为针对扰动分量乘积所产生的高阶雷诺应力项，它表示由于湍流扰动而产生的动量附加传输。

采用K-L湍流模型来预测雷诺应力对平均流的影响。

$$\frac{P_k}{V_T}=2\left[\left(\frac{\partial u}{\partial x}\right)^2+\left(\frac{\partial v}{\partial y}\right)^2+\left(\frac{\partial w}{\partial z}\right)^2\right]+\left(\frac{\partial u}{\partial y}+\frac{\partial v}{\partial x}\right)^2+\left(\frac{\partial v}{\partial z}+\frac{\partial w}{\partial y}\right)^2+\left(\frac{\partial w}{\partial x}+\frac{\partial u}{\partial z}\right)^2$$

式中，P_k 为湍流动能生成项；V_T 为湍流粘度。

通过图7.1所示流程，WT模型可以按照360°等分或指定的风向角，根据指定风廓线、地表边界条件(地面粗糙度、森林冠层模型)、热稳定度等级分别进行定向模拟计算，由此得到标准入口风速和不同风向条件下的风场分布。再根据定向计算结果中测风观测与计算区域内相同位置之间的统计关系，推算给定地点或区域的风速值和风能参数。

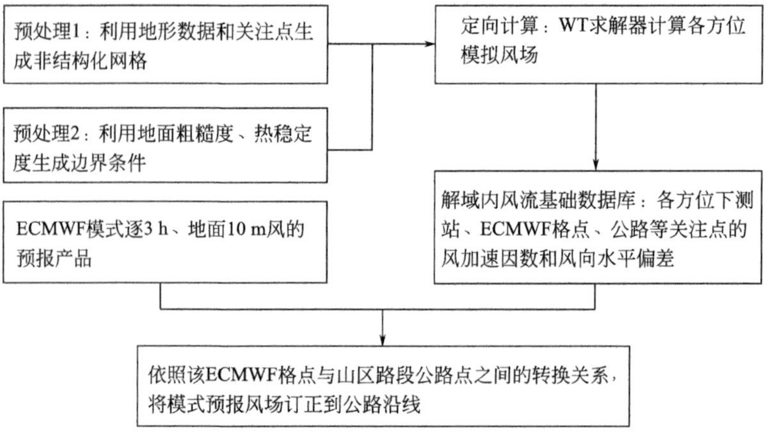

图 7.1　WT 模型流程

7.2　高速公路沿线山区路段风的模拟及检验

7.2.1　张承高速公路沿线山区路段风的模拟及检验

7.2.1.1　模拟区域及参数设置

模拟的区域如图 7.2 所示，位于张家口崇礼区的南部，处于阴山山脉东段的大马群山和燕山余脉交接地带，属于坝上坝下过渡型山区的山地地形。该区域山势陡峻，山峰海拔多在 1500～2000 m，最大高差可达 1300 多米。2 个解域区域几乎均为正方形，边长约 9.3 km，中心位置分别位于(115.067047°E、40.880999°N)和(115.219170°E、40.948279°N)，2022 年北京冬奥会张家口赛区的主干要道张承高速公路沿山谷底部边缘自西南向东北方向穿过该区域。区域内有 5 处气象观测站，分别为南窝铺区域气象观测站(站号：B2963，海拔 930 m)，距高速公路约 1209 m，位于区域西部较开阔的西北—东南走向的山谷底部；场地区域气象观测站(站号：B3197，海拔 1050 m)，距高速公路约 191 m，位于区域东部接近南北走向的山谷底部；崇礼国家气象观测站(站号：54304，海拔 1240 m)，距高速公路约 159 m；张承高速公路沿线 34 km 处和 57 km 处的高家营和西湾子交通气象站。

在模拟试验过程中，WT 模型采用非结构化网格，解域最小水平分辨率为 25 m、水平扩展系数为 1.1；最小垂直分辨率为 4 m、垂直扩展系数为 1.2，解域顶高由 WT 根据计算区域内地形高度按照如下公式自动确定：

$$Z_{top}=Z_{max}+\max(2800,5\times(Z_{max}-Z_{min}))$$

式中，Z_{top} 为顶面边界的海拔高度，Z_{max} 和 Z_{min} 分别为解域区域内的地形最高和最低海拔高度。

选用 ECMWF 数值模式每日 2 次输出的逐 3 h、分辨率为 0.125°的地面 10 m 风的预报产品来驱动 WT 模型，选取代表站周边最近一个 ECMWF 格点预报结果作为该站的环境风输入 WT 模型，再运用 WT 模型进行间隔 10°的定向计算，生成各方向风加速因数，输出解域区域内未来 24 h 预报时效、逐 50 m 空间分辨率、3 h 时间分辨率的地面 10 m 风产品，进而对张承高速公路沿线山区路段风的数值预报产品进行订正。

图 7.2　解域区域地形分布(附彩图)
(红色线条为张承高速公路,蓝框内为解域区域,地形图来自 World Imagery 遥感影像)

7.2.1.2　模拟结果检验

挑选 2021 年 2—5 月张家口、崇礼区域日极大风速在 13.9 m/s 以上、日 10 min 平均风速最大值在 8 m/s 以上的 30 个代表日,这 30 个代表日中,日极大风速的最大值出现在崇礼本站 4 月 16 日下午,为 18.8 m/s(8 级)。这些大风过程的天气背景较为相似,500 hPa 高度场(图略)上,乌拉尔山以东地区均为一脊一槽形势,高压脊位于贝加尔湖西侧,高空槽处于 110°～130°E,且大部分过程有冷涡与之配合,槽脊振幅较大,等高线密集。700 hPa 与 850 hPa 高度场(图略)上存在锋区,850 hPa 上风场与等温线近乎垂直,有较强的冷平流。地面天气图(图略)上,河北中北部至内蒙古一带地面等压线较为密集,气压梯度大,达到 5～9 根/10 经距(12.5～22.5 hPa/10 经距)。

运用同时段的 ECMWF 数值模式输出的地面 10 m 风预报资料,以及 3″分辨率的 SRTM3 地形资料,应用 Meteodyn WT 模型对张承高速公路沿线两个解域区域内的风进行预报和订正。同时选取张承高速公路沿线崇礼国家气象站、南窝铺及场地 2 套区域气象站、高家营及西湾子 2 套交通气象站的逐分钟风向风速观测资料进行检验。

将 5 套气象观测站的 10 min 平均风速与 WT 模型模拟输出的 10 min 平均风速进行对比,有效样本数为 1167 个,其相关系数达到 0.6225,通过了 $\alpha=0.001$ 的显著性水平检验。绘制 5 个观测站实况和 WT 模拟结果的散点图(图 7.3)以及崇礼代表站 30 个大风日的实况和模拟结果对比曲线图(图 7.4)可见,散点相对集中且均匀地分布在趋势线两侧,模拟的数值比实际观测值略偏高,模拟结果与实况的误差在 −4.69～4.12 m/s。具体分析各站的误差(表 7.1)发现,崇礼国家站和西湾子交通站的模拟结果偏高明显,位于山谷地带的场地区域站和高家营交通站的模拟结果明显偏小,而地形相对开阔的南窝铺区域站模拟结果相对其他 4 站误差范围明显要小。整体来看，各站模拟的结果与实况之间的误差在±1 m/s之间的均占40%以上(图7.5)，±2 m/s之间的占比基本能够达到80%以上。从模拟的风向来看，均是较为一致的偏北风或西北风，与天气过程相符。

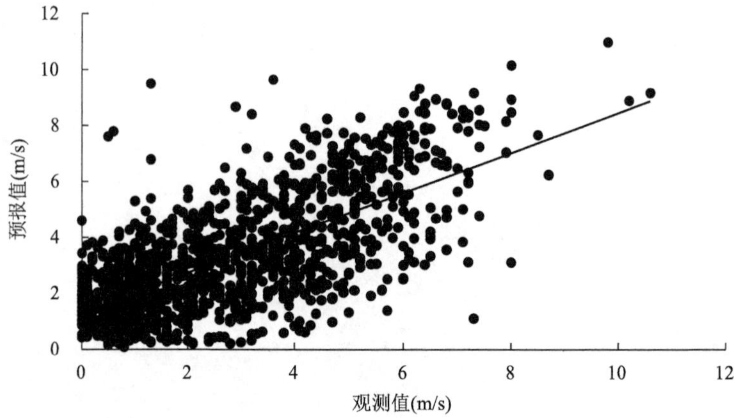

图7.3 5个观测站10 min平均风速实况与WT模拟结果对比散点图

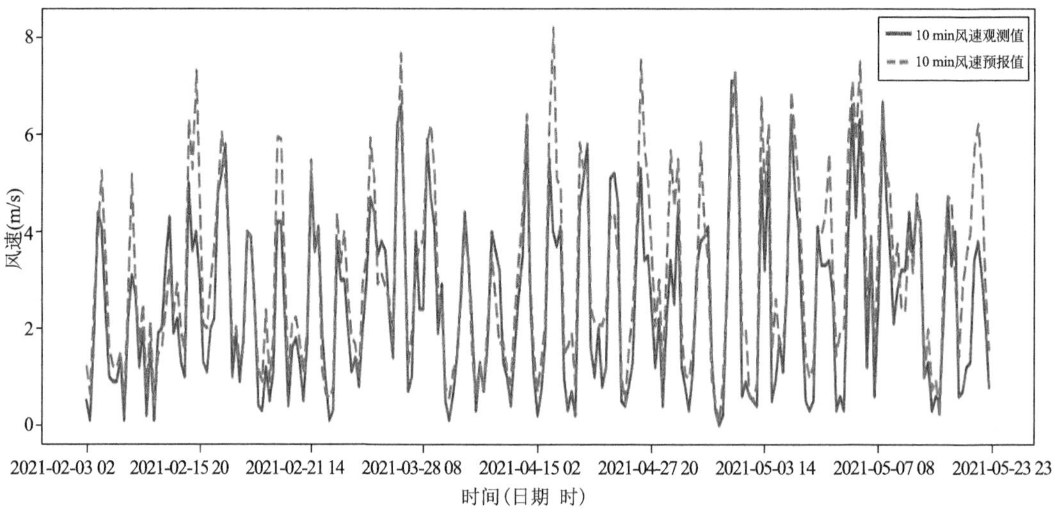

图7.4 崇礼站30个大风日逐3 h间隔10 min平均风速实况与WT模拟结果对比曲线图

表7.1 5个观测站10 min平均风速检验表

	崇礼国家站	场地区域站	南窝铺区域站	西湾子交通站	高家营交通站
偏高时数	153	103	179	137	110
偏低时数	87	136	61	71	130
误差区间	[−3.11,4.08]	[−4.69,3.37]	[−3.06,3.62]	[−3.13,3.80]	[−3.73,4.12]

由于在开展高速公路气象服务过程中更关注极大风速，因此将这5个气象观测站过去10年(其中2套交通气象站为5年)的历史观测资料，通过最小二乘法建立起10 min平均风速与该站

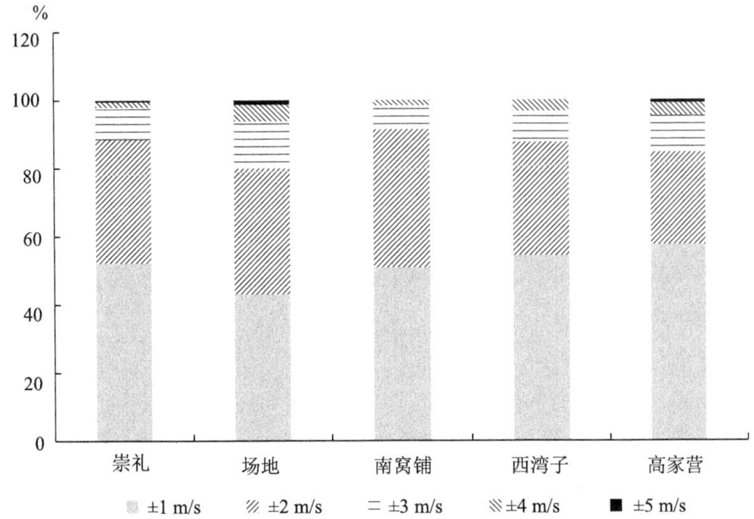

图 7.5　解域各观测站 10 min 平均风速模拟结果与实况对比误差占比分布图

极大风速之间的关系，从而得到 5 套气象观测站的极风系数(表 7.2)。再由 WT 输出的 10 min 平均风速按照极风系数预测某一点或路段的极大风速可能值。

表 7.2　5 个观测站 2—5 月极风系数

月份	崇礼国家站	场地区域站	南窝铺区域站	高家营交通站	西湾子交通站
2 月	2.90	2.65	1.72	1.06	1.08
3 月	2.96	2.93	1.54	1.12	1.13
4 月	2.91	2.71	1.66	1.15	1.02
5 月	2.85	2.62	1.81	1.08	1.03

7.2.2　张石高速公路沿线山区路段风的模拟及检验

7.2.2.1　试验区域确定及数据来源

为进一步检验 WT 模型在高速公路山区路段风模拟订正方面的作用，沿张石高速选取保定市涞源县留家庄作为测风观测试验地点，留家庄位于保定市涞源县西北部，地处两条山谷的交汇处，其西北偏北方向为一较开阔山谷，见图 7.6。在该区域临时布设一套气象观测站开展测风观测试验，见图 7.7，观测数据时间步长为 1 s，观测要素包括气温、气压、相对湿度、瞬时风向、瞬时风速、2 min 平均风速及风向、10 min 平均风速及风向、小时极大风速及风向、小时最大风速及风向。

观测时段为 2021 年 3 月 10 日 20 时—8 月 24 日 18 时，观测日数共计 139 天，共接收到数据 1016 万余条，见表 7.3，其中 2 min 和 10 min 平均风有效记录 159923 行(逐分钟)，小时极大风和最大风记录 2662 行。对照《气象观测资料质量控制地面》(QX/T 118—2020)，对数据进行气候学界限值检查、内部一致性检查、时间一致性检查，发现数据具有较高可信度。

图 7.6　留家庄周边区域地形(附彩图)

图 7.7　留家庄试验气象观测站位置(附彩图)

表 7.3　日观测记录数统计表

日期	记录数	日期	记录数	日期	记录数	日期	记录数
3 月 10 日	10675	5 月 10 日	50962	6 月 14 日	85802	7 月 22 日	87778
3 月 11 日	66571	5 月 11 日	47888	6 月 15 日	85730	7 月 23 日	86042
3 月 12 日	75228	5 月 12 日	45450	6 月 16 日	85782	7 月 24 日	86458
3 月 13 日	78568	5 月 13 日	44407	6 月 17 日	86460	7 月 25 日	83738

续表

日期	记录数	日期	记录数	日期	记录数	日期	记录数
3月14日	82728	5月14日	67317	6月18日	85459	7月26日	87551
3月15日	81278	5月15日	87180	6月19日	86817	7月27日	80938
3月16日	63665	5月16日	82729	6月20日	87405	7月28日	87885
3月17日	82161	5月17日	82285	6月21日	87032	7月29日	88466
3月18日	80329	5月18日	87003	6月22日	87651	7月30日	89445
3月19日	82723	5月19日	85410	6月23日	87354	7月31日	88343
3月20日	83543	5月20日	85242	6月24日	87568	8月1日	88487
3月21日	83639	5月21日	83489	6月25日	52578	8月2日	88283
3月22日	83674	5月22日	86403	6月26日	88785	8月3日	89233
3月23日	3877	5月23日	89963	6月27日	86701	8月4日	88188
4月16日	20424	5月24日	89893	6月28日	54254	8月5日	84959
4月19日	12300	5月25日	90049	6月29日	59038	8月6日	86328
4月20日	36146	5月26日	89539	6月30日	5665	8月7日	86435
4月21日	58787	5月27日	89728	7月1日	30003	8月8日	86416
4月22日	55643	5月28日	89745	7月2日	89887	8月9日	86079
4月23日	34656	5月29日	90080	7月3日	89851	8月10日	85954
4月24日	34354	5月30日	90190	7月4日	89886	8月11日	85722
4月25日	59478	5月31日	89921	7月5日	89184	8月12日	85682
4月26日	48539	6月1日	90097	7月6日	5048	8月13日	85391
4月27日	38332	6月2日	89974	7月8日	50683	8月14日	85650
4月29日	36023	6月3日	89350	7月9日	63153	8月15日	85454
4月30日	55883	6月4日	89437	7月10日	5815	8月16日	85576
5月1日	53980	6月5日	89671	7月13日	20250	8月17日	85939
5月2日	53453	6月6日	89525	7月14日	54260	8月18日	86064
5月3日	52691	6月7日	89303	7月15日	58053	8月19日	86056
5月4日	52194	6月8日	89467	7月16日	58715	8月20日	85657
5月5日	54313	6月9日	91286	7月17日	88226	8月21日	85949
5月6日	58864	6月10日	89527	7月18日	88031	8月22日	85957
5月7日	56979	6月11日	80475	7月19日	87926	8月23日	85886
5月8日	35080	6月12日	87936	7月20日	86531	8月24日	62938
5月9日	38555	6月13日	88849	7月21日	87966		

由于试验气象观测站超声测风传感器高度为距地 4 m，低于《地面气象观测规范》规定的高度（10～12 m），故将大风统计起始等级确定为平均风 4 级、阵风 6 级。

利用逐时最大平均风速和逐时极大风速，分别统计大风日，总计 33 d，见表 7.4。按平均风速标准，统计得到大风日数 30 d，其中 4 级 20 d、5 级 10 d；按阵风标准，统计得到大风日数 25 d，其中 6 级 11 d、7 级 9 d、8 级 5 d。

表 7.4 大风出现日期统计

序号	日期	4 级及以上日最大风速(m/s)	6 级及以上日极大风速(m/s)
1	3 月 20 日	8.2	14.7
2	3 月 21 日	9.5	14.4
3	3 月 22 日	5.9	未达标
4	4 月 16 日	9.0	15.3
5	4 月 27 日	7.4	14.7
6	4 月 29 日	8.1	14.6
7	4 月 30 日	6.4	未达标
8	5 月 1 日	9.1	13.8
9	5 月 3 日	5.6	未达标
10	5 月 4 日	8.6	18.1
11	5 月 5 日	6.7	13.9
12	5 月 6 日	8.9	15.5
13	5 月 7 日	10.4	19.1
14	5 月 8 日	7.7	13.0
15	5 月 16 日	7.8	12.3
16	5 月 17 日	6.5	11.9
17	5 月 18 日	5.5	未达标
18	5 月 22 日	5.7	12.5
19	5 月 23 日	5.7	未达标
20	5 月 24 日	6.6	12.5
21	5 月 25 日	未达标	12.3
22	5 月 26 日	8.7	19.0
23	5 月 27 日	6.8	14.6
24	5 月 28 日	10.1	18.3
25	5 月 31 日	5.6	未达标
26	6 月 3 日	7.7	12.7
27	6 月 4 日	7.8	14.2
28	6 月 5 日	5.9	12.2
29	6 月 17 日	5.8	未达标
30	6 月 18 日	6.7	10.9
31	6 月 19 日	未达标	10.9
32	7 月 5 日	5.5	未达标
33	8 月 24 日	未达标	20.6

7.2.2.2 模拟区域概况

模拟计算范围约18 km×18 km，区域中心坐标为(114.6550°E，39.4520°N)，山地地形，海拔在800～2100 m，地形起伏较大，张石高速南北向沿山谷从中穿过，区域内设有涞源国家气象站(简称“涞源站”)和留家庄临时气象观测站(简称“试验站”)，见图7.8，图中红色圆为模拟关注点。

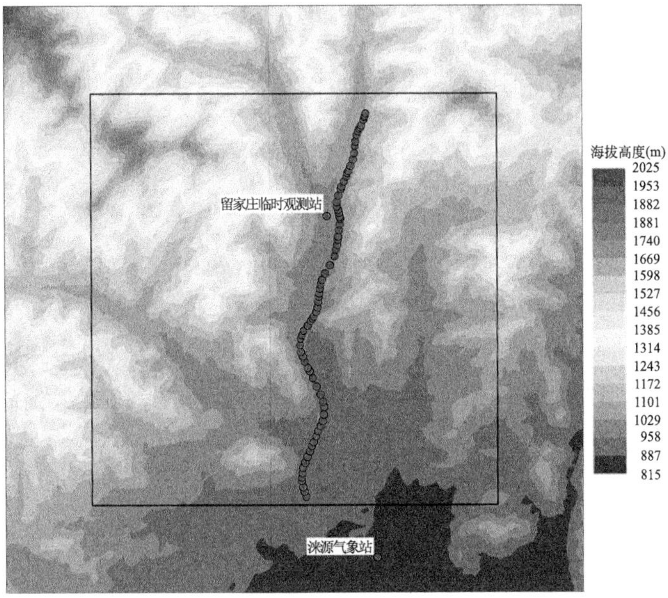

图7.8 留家庄模拟试验区概况(附彩图)

(未标注的红色圆为高速公路离散点；黑色矩形框为模拟结果绘图区)

7.2.2.3 WT模型计算结果

环境风采用ECMWF数值模式输出的时间间隔为3 h的地面10 m风预报产品，依托WT模型，热稳定度等级采用默认2级中性，网格最小水平分辨率为50 m、最小垂直分辨率为2 m、水平扩展系数为1.1、垂直扩展系数为1.2，按每隔10°方位进行定向计算，得到36个方位各层网格和关注点的风加速因数。

绘制320°和90°方位4 m、10 m、50 m和100 m等4层高度(距地表高度)风加速因数分布图(图略)，可以发现，在近地面层风加速因数随高度整体增大；结合图7.8中绘图区内地形特征，风加速因数高值区出现在高耸的山脊和山峰，在背风坡易出现低值区；各个方位的风加速因数分布不同。

7.2.2.4 涞源站风速预报与观测对比分析

资料时段为2020年7月—2021年6月，涞源站的风速实况和预报样本2896组。WT模拟的预报风速与涞源站10 min平均风速观测值误差在−5.3～5.5 m/s，平均误差为−0.2 m/s，平均绝对误差为1.0 m/s，均方根误差为1.3 m/s，相关系数为0.65，存在一定的线性相关关系。图7.9为预报与观测对比散点图。

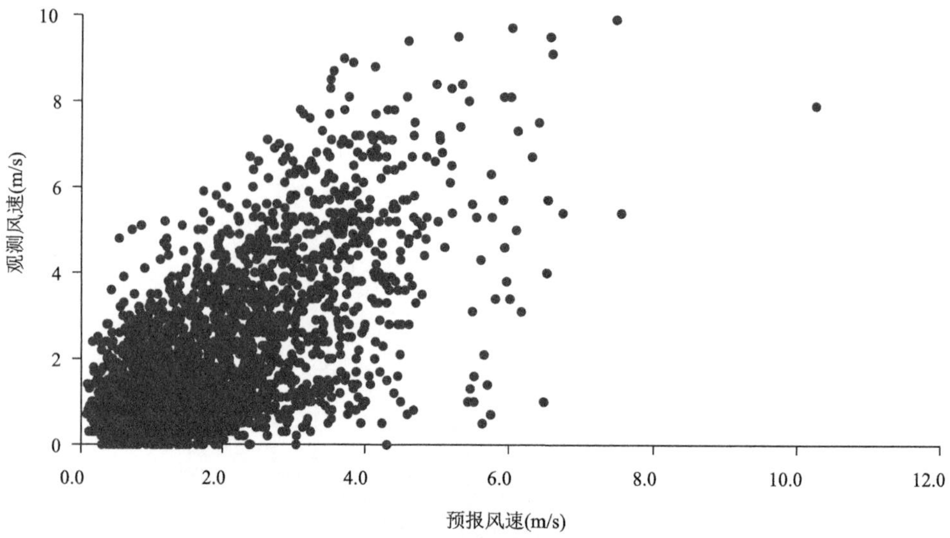

图 7.9　涞源站预报风速与观测风速散点图

图 7.10 为 2021 年 5 月涞源站预报风速与观测风速对比图，可以发现，预报与观测风速变化趋势基本一致，预报风速整体略偏低，特别是在部分实测风速峰值区，偏低较明显。

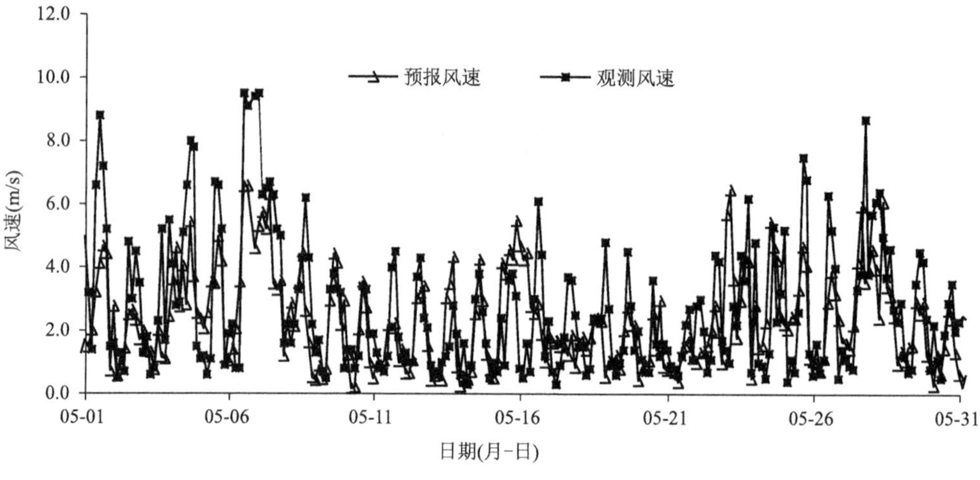

图 7.10　2021 年 5 月涞源站预报风速与观测风速对比

按蒲福风级计算预报与观测风速的风级差，结果见表 7.5，发现风级差为 0 和 1 的样本分别占 54.9%、40.2%。

表 7.5　涞源站预报与观测风速风级差

风级差	样本数(个)	百分比(%)
0	1591	54.9
1	1165	40.2
2	134	4.6
3	6	0.2

7.2.2.5　试验站风速预报与观测对比分析

试验站观测资料时段为 2021 年 3 月 10 日—6 月 29 日，选取期间预报与观测风速对比样本数共计 519 组。预报风速与观测值误差在－7.2～1.6 m/s，平均误差为－1.3 m/s，平均绝对误差为 1.4 m/s，均方根误差为 1.8 m/s；相关系数为 0.49，说明存在一定的线性相关。图 7.11 为预报风速与观测值散点图。

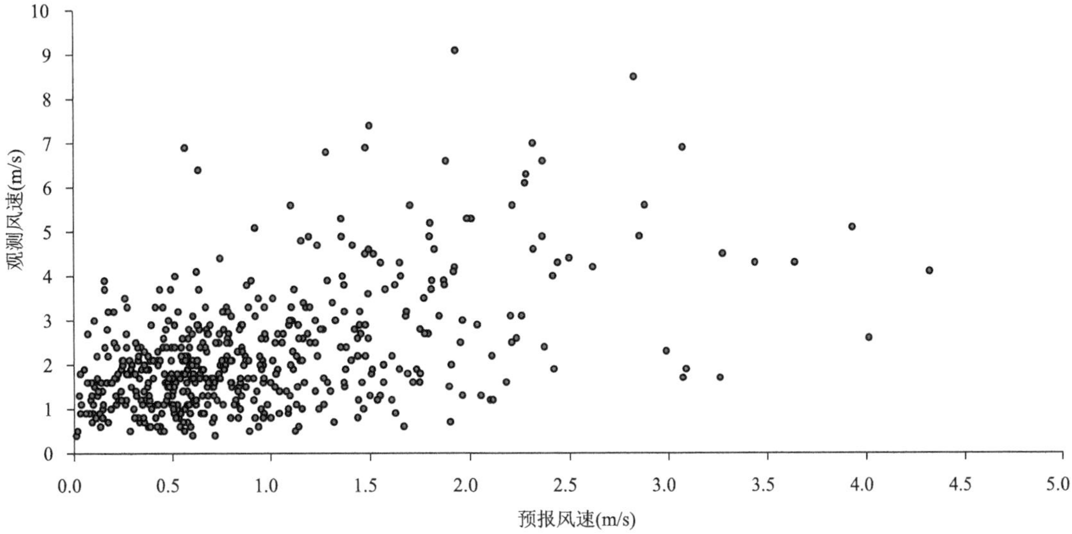

图 7.11　试验站预报风速与观测值散点图

图 7.12 为 2021 年 5 月试验站预报风速与观测值对比图，发现大部分时段两者变化趋势基本一致，整体上预报风速比观测值明显偏低，未预报出 4 级以上(风速≥5.5 m/s)的风速。

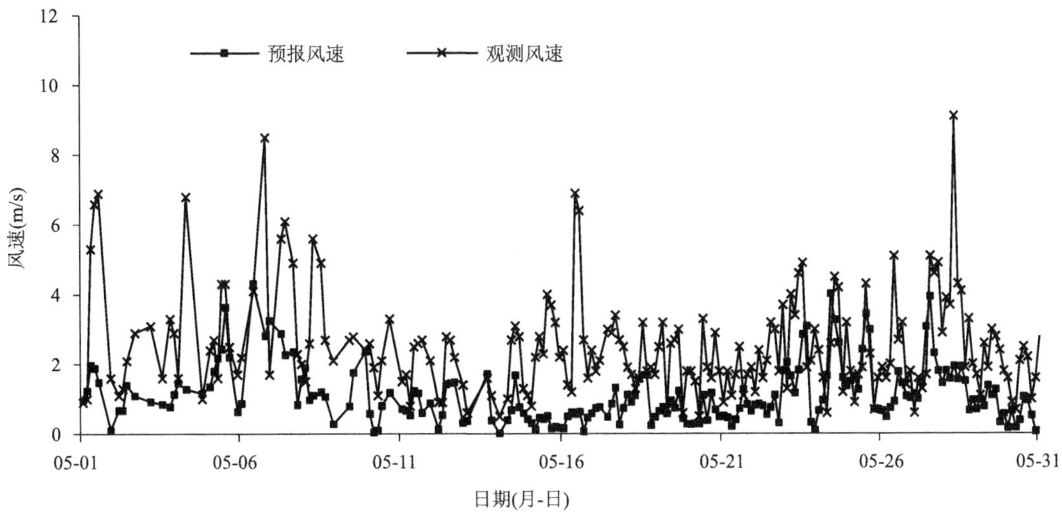

图 7.12　2021 年 5 月试验站预报风速与观测值对比

按蒲福风级计算预报与观测风速的风级差，结果见表 7.6，发现风级差为 0 和 1 的样本分别占 37.6%、53.6%。

表 7.6　试验站预测与观测风速风级差

风级差	样本数	百分比(%)
0	195	37.6
1	278	53.6
2	39	7.5
3	8	1.5

试验区内参与模拟的高速公路长约 13 km,从南向北离散点为 79 个,平均点距约 167 m。2021 年 5 月 6 日 11 时,试验站预报风速为 4.3 m/s、观测风速为 4.1 m/s,高速公路沿线预报风速见图 7.13,受山谷地形影响,各段风速在 4.1～6.6 m/s。

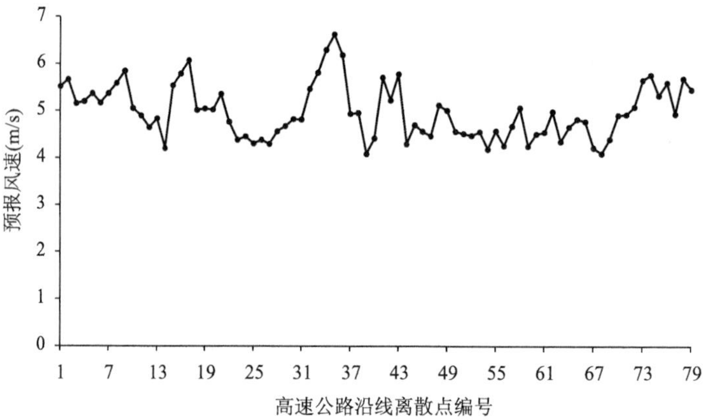

图 7.13　2021 年 5 月 6 日 11 时高速公路沿线预报风速

7.2.2.6　涞源站与试验站预报效果对比分析

两个站预报风速均低于观测值,但试验站偏低较明显;对比误差统计指标发现,涞源站的平均绝对误差和均方根误差均优于试验站,其相关系数和风级差为 0 的比例高于试验站,表明基于 WT 模型对两站风的模拟效果涞源站好于试验站,尤其是较大风速的预报效果涞源站效果更好。

对比两个站各方位风加速因数(表 7.7)发现,临时站风加速因数均低于涞源站,在 20°～150°、200°～330°方位偏低明显,特别是 270°和 280°方位临时站风加速因数只有涞源站的 1/9 和 1/27。

从表 7.7 中可知,涞源站预报结果明显优于试验站,由两站所处地形位置不同所致,涞源站周边相对平坦开阔、距山体较远,而临时站地处狭长山谷底部、距山体较近,WT 模式低估了狭长山谷中的风速。

表 7.7　涞源站与试验站各方位风加速因数

序号	环境风向	风加速因数		序号	环境风向	风加速因数	
		涞源站	试验站			涞源站	试验站
1	10	0.829	0.606	19	190	1.016	0.769
2	20	0.681	0.465	20	200	0.986	0.619
3	30	0.862	0.454	21	210	0.912	0.543
4	40	0.772	0.388	22	220	0.896	0.398
5	50	0.635	0.442	23	230	0.904	0.382
6	60	0.609	0.361	24	240	0.858	0.296
7	70	0.596	0.281	25	250	0.835	0.389
8	80	0.631	0.354	26	260	0.755	0.168
9	90	0.761	0.204	27	270	0.816	0.092
10	100	0.850	0.220	28	280	0.806	0.030
11	110	0.964	0.381	29	290	0.788	0.157
12	120	0.969	0.419	30	300	0.670	0.212
13	130	0.956	0.435	31	310	0.629	0.287
14	140	0.965	0.453	32	320	0.500	0.327
15	150	0.982	0.501	33	330	0.677	0.417
16	160	0.997	0.723	34	340	0.642	0.449
17	170	0.996	0.807	35	350	0.755	0.497
18	180	0.995	0.802	36	360	0.746	0.547

第 8 章　基于影响和风险的高速公路气象预报预警技术

8.1　高速公路气象灾害风险普查

8.1.1　数据资料及方法

按照中国气象局有关公路交通气象灾害风险普查工作要求，对河北全省高速公路陆续开展了气象灾害风险普查。以 G1（京哈）高速、G4（京港澳）高速、G20（青银）高速和 S012（沿海）高速为例，选择高速公路沿线交通气象观测站、周边 5 km 范围内国家气象站的气象观测资料，封闭管制信息等资料进行普查。

普查对象基本信息如下：G1（京哈）高速河北境内全长 263 km，分为京秦和迁西支线两段，分别长 221 km 和 42 km，其中迁西支线有隧道分布，高速沿线多桥梁；G4（京港澳）高速河北境内全长 458 km，分为京石和石安两段，分别长 224 km 和 234 km，高速沿线无隧道，多桥梁；G20（青银）高速河北境内全长 182 km，高速沿线无隧道，多桥梁；S012（沿海）高速河北境内全长 214 km，分为秦唐和沧州两段，分别长 162 km 和 52 km，高速沿线无隧道和桥梁。

采用问卷调查法、专家评估法、实地观察法、对比分析法，开展高速公路交通气象灾害风险普查。在搜集高速公路沿线桥梁、隧道、气象灾害预警发布设施等信息时，采用的是问卷调查法，在问卷搜集到的信息基础上，又结合实地观察法进行核实和补充，搜集了高速公路基本信息、预警发布设施信息、气象监测站信息、隐患路段道路形态等。在确定隐患路段和致灾天气临界值时，根据交管部门提供的 2012—2014 年因气象条件造成的事故资料和封闭管制资料，采用对比分析法，翻查大量的气象历史资料，得出致灾天气临界值。

8.1.2　高速公路交通气象灾害风险普查结果

8.1.2.1　气象灾害隐患路段分布情况

G1（京哈）高速公路气象灾害隐患路段 7 处，道路形态主要以桥或弯道为主，分别在廊坊境内的 K42—K50，唐山境内的 K106—K121、K149—K156、K160—K165、K187—K219，秦皇岛境内的 K213—K218＋300、K235—K238。这 7 处隐患路段的主要灾害性天气是团雾，主要致灾气象因子为能见度，灾害性天气主要发生在秋冬季，夏季也有雾出现，但雾的范围和持续时间较秋冬季明显偏小。

G4（京港澳）高速公路气象灾害隐患路段 11 处，其中京石段 6 处，分别位于保定涿州境内的 K49—K52（道路形态以长直道、桥梁为主），保定高碑店境内的 K73—K75（道路形态以直道为主)，保定徐水境内的K119—K127(道路形态以弯道为主)，保定清苑境内的K130—K150(道路形态以弯道、桥梁为主)，保定定州境内的K204—K212(道路形态以桥梁、弯道为主)，石家庄藁城境内的K251—K255(道路形态以弯道为主)；石安段5处，分别位于石家庄栾城境内的K292—K295(道路形态以弯道、坡道为主)，邢台柏乡境内的K329—K349(道路形态以弯道、桥梁为主)，邢台沙河境内的K391—K411(道路形态以弯道、桥梁为主)，邯郸境内的K437—K439(道路形态以弯道为主)，邯郸磁县境内的K447—K467(道路形态以桥梁、弯道为主)。其中，K49—K52处隐患路段的主要灾害性天气是团雾和冰雪，主要致灾气象因子为能见度、降雪量和气温；K437—K439处隐患路段的主要灾害性天气是冰雪，主要致灾气象因子为降雪量和气温；K447—K467处隐患路段的主要灾害性天气是雾，主要致灾气象因子为能见度，主要发生在秋冬季节；其余8处隐患路段的主要灾害性天气是团雾，主要致灾气象因子为能见度。

G20(青银)高速公路气象灾害隐患路段2处，分别位于邢台清河境内的K457—K462(道路形态为桥梁)，邢台新河和宁晋境内的K538—K575(道路形态为弯道、桥梁)。其中，K457—K462处隐患路段的主要灾害性天气是冰雪，主要致灾气象因子为降雪量和气温。K538—K575处隐患路段的主要灾害性天气是团雾，主要致灾气象因子为能见度。

S012(沿海)公路气象灾害隐患路段8处，分别是秦皇岛抚宁境内的K2—K13(道路形态以弯道、桥梁为主)，秦皇岛昌黎境内的K40—K67+500(道路形态以弯道、桥梁、坡道为主)，唐山乐亭境内的K71—K97(道路形态以弯道、桥梁为主)，唐山滦南境内的K104—K109(道路形态以弯道、桥梁为主)、K121—K123(道路形态为长直道)，唐山唐海境内的K134+600—K135(道路形态为桥梁)、K139—141(道路形态为长直道)，唐山丰南境内的K149—K150(道路形态为长直道)。其中，K71—97处隐患路段的主要灾害性天气是大雾、积雪，主要致灾气象因子为能见度、降雪量；K149—150处隐患路段的主要灾害性天气是降雨、团雾，主要致灾气象因子为降雨量和能见度；其余6处隐患路段的主要灾害性天气均是团雾，主要灾害的致灾气象因子为能见度。

8.1.2.2 桥梁分布情况及对应的主要气象灾害类型

G1(京哈)高速公路沿线共有76座桥梁，其中，特大型桥梁6座、大型桥梁28座、中型桥梁40座、小型桥梁2座。唐山玉田境内的蓟运河特大桥最长，为2440 m。潮白河大桥、潮白河桥、老武河中桥、杨柳河大桥、玉田－石臼窝分离立交桥、冯王支中桥、鸦鸿桥－小河口分离立交、双城河大桥8座桥梁的主要灾害性天气为雾和雨，主要灾害的致灾气象因子为能见度和降雨量。跨G112铁路大桥、银河分离立交桥、唐山东互通中桥、卑杨铁路分离立交、沙河桥、白龙河中桥、滦河大桥、青龙河西支流、青龙河东支流和陡河大桥10座桥梁的主要灾害性天气为雾。

G4(京港澳)高速公路沿线共有124座桥梁，其中，特大型桥梁9座、大型桥梁63座、中型桥梁52座。石家庄藁城的滹沱河特大桥和跨石德铁路石黄高速桥最长，分别为3727 m和2700 m。北拒马河大桥的主要灾害性天气为团雾和结冰，主要灾害的致灾气象因子为能见度、降雪、降雨；泜河大桥、沙河特大桥的主要灾害性天气为团雾，主要灾害的致灾气象因子为能见度。

G20(青银)高速公路沿线共有60座桥梁，其中，特大型桥梁2座、大型桥梁23座、中型桥梁35座。邢台新河的梁滏阳新河大桥最长，为2096 m。卫运河大桥的主要灾害性天气为冰雪，主要灾害的致灾气象因子为降雪量、气温；跃进渠中桥、滏阳新河大桥、小漳河大桥、滏阳河大桥、滏宁河中桥、十一支渠中桥、六分干渠大桥、五分干渠大桥、汪洋沟大桥的主要灾害性天气为团雾，主要灾害的致灾气象因子为能见度。

S012(沿海)高速公路沿线无桥梁。

在研究致灾气象因子临界值时，主要按照气象观测数据和交管部门采取的封闭管制措施进行分析。经统计得到，能见度的致灾临界值为100 m，降雨量的致灾临界值为50 mm，降雪量的致灾临界值为1.3 mm且气温低于0 ℃。

8.1.2.3 隧道分布情况及对应的主要气象灾害类型

G1(京哈)高速公路迁西支线沿线共有2座隧道，其中，唐山迁西境内的栗乡隧道长666 m，属于中型隧道；位于唐山丰润境内的岩口隧道长388 m，属于短型隧道。这2条隧道均不在气象灾害隐患路段范围内，没有主要影响的灾害性天气类型。G20(青银)高速、G4(京港澳)高速、S012(沿海)高速公路沿线没有隧道。

8.1.2.4 高速公路气象监测设施分布情况

截至2015年：

G1(京哈)高速沿线已建32套交通气象观测站，其中，十一要素交通气象观测站10套，观测要素包括气温、雨量、风向、风速、相对湿度、路面温度、路面状况、能见度、天气现象、露点温度、水汽压；九要素交通气象观测站14套，观测要素包括气温、雨量、风向、风速、相对湿度、路面温度、能见度、露点温度、水汽压；八要素交通气象观测站2套，观测要素包括气温、相对湿度、风向、风速、能见度、路面温度、路面状况、天气现象；七要素交通气象观测站3套，观测要素包括气温、雨量、风向、风速、相对湿度、路面温度、能见度；单要素交通气象观测站3套，观测要素为能见度。温湿度和能见度的平均监测密度为8 km。

G4(京港澳)高速石安段沿线已建12套交通气象观测站，其中，八要素交通气象观测站2套；七要素交通气象观测站4套；两要素交通气象观测站2套，观测要素为路面状况、能见度；单要素交通气象观测站4套。温湿度和能见度的平均监测密度为20 km。

G20(青银)高速沿线已建13套交通气象观测站，其中，十一要素交通气象观测站2套；九要素交通气象观测站5套；八要素交通气象观测站2套；七要素交通气象观测站2套；单要素交通气象观测站2套。温湿度和能见度的平均监测密度为14 km。

S012(沿海)高速沿线已建16套交通气象观测站，其中，十一要素交通气象观测站3套；九要素交通气象观测站3套；八要素交通气象观测站2套；七要素交通气象观测站5套；单要素交通气象观测站3套。温湿度和能见度的平均监测密度为10 km。

8.1.2.5 气象灾害风险预警发布设施分布情况

截至2015年：

G1(京哈)高速公路沿线道路两侧电子显示屏42个(京秦段39个，迁西支线3个)，其中龙门架式电子显示屏12个，T型电子显示屏30个。

G4(京港澳)高速公路沿线道路两侧电子显示屏117个，其中京石段66个，全部为龙门架式电子显示屏；石安段 51 个，其中龙门架式电子显示屏 41 个，F 型电子显示屏 10 个。

G20（青银）高速公路沿线道路两侧电子显示屏 20 个，其中龙门架式电子显示屏 6 个，F 型电子显示屏 14 个。

S012（沿海）高速公路沿线道路两侧电子显示屏 49 个，包括秦唐段沿线道路两侧电子显示屏 38 个，其中龙门架式电子显示屏 12 个，T 型电子显示屏 10 个；沧州段沿线道路两侧电子显示屏 11 个，其中龙门架式电子显示屏 4 个，T 型电子显示屏 7 个。

以上电子显示屏可作为气象灾害预警发布设施。

8.1.2.6 因气象灾害造成的交通事故分布

分析 2012—2014 年 G1（京哈）高速、G4（京港澳）高速、G20（青银）高速和 S012（沿海）高速公路沿线交通事故资料发现，这 4 条高速公路有因雾、降雪和降雨造成的交通事故，没有因地质灾害、极端高温、大风和雷电造成的交通事故。在普查过程中搜集到 2012—2014 年这 4 条高速公路因气象条件造成的交通事故共 70 起，包括因低能见度（主要是大雾）造成的交通事故 38 起，其中 G1 高速 12 起，G4 高速 17 起，G20 高速 6 起，S012 高速 3 起；因低温冰冻（主要是降雪）造成的交通事故共 9 起，其中 G1 高速 2 起，G4 高速 5 起，G20 高速 1 起，S012 高速 1 起；因道路结冰、路面湿滑（主要是降雨）造成的交通事故共 23 起，其中 G1 高速 14 起，G4 高速 5 起，G20 高速 4 起。

8.2 高速公路气象灾害风险区划

8.2.1 高速公路雾灾风险区划

8.2.1.1 资料及方法

气象监测资料选取河北省 11 条高速公路沿线 156 套交通气象观测站逐分钟能见度监测资料和 142 个国家气象站的雾灾情资料；全省所有高速公路因雾造成的交通事故和封闭管制资料来源于河北省路况信息网，资料长度为 2011 年 12 月—2015 年 11 月。高速公路日均车流量资料来自于河北省高速交警总队。高速公路路网密度利用 GIS 软件计算得出。

能见度监测资料和雾灾情资料主要用于雾日的确定，将日最小能见度在 50 m 及以下的作为一个强浓雾日，将日最小能见度大于 50 m、小于等于 200 m 作为一个浓雾日，将日最小能见度大于 200 m、小于等于 500 m 作为一个大雾日。高速公路因雾造成的封闭管制资料和交通事故资料用作承灾体（即高速公路）易损性指标的确定，将某一收费站因雾导致的连续不开通时间作为一次封闭过程，统计两个相互毗邻的收费站之间一年内发生的因雾而致的交通事故数量作为该路段年交通事故总起数。高速公路路网密度定义为每百平方千米内高速公路的里程数。

8.2.1.2 高速公路雾灾风险区划模型

按照风险区划理论，模型应包含致灾因子危险性、承灾体空间脆弱性和承灾体易损性 3 个方面。雾对于高速公路通行的危险性主要体现在低能见度方面，按照气象行业标准《高速公路交通气象条件等级》以及公安部门高速公路通行管理规定，能见度低于 500 m 时才会对高速公路通行产生影响，因此将年均大雾日数、浓雾日数、强浓雾日数作为致灾因子危险性因子。用近 3 年高速公路交通气象灾害风险普查所得的、高速交警公布的雾易发路段，以及公路路网密度、日均单向车流量作为承灾体空间脆弱性因子。用年均因雾造成的封路日数、年累计封路时长以及年均交通事故起数作为承灾体易损性因子。考虑到高速公路封闭管制是通过收费站的关启来实现的，因此将逐个收费站之间的距离作为雾灾风险区划模型的空间尺度，即以高速公路收费站为单位计算各站雾灾风险区划等级。

致灾因子危险性分指标 $H=\sum_{i=1}^{3}a_iA_i$ ，$i=1,2,3$ 时，A_i 分别代表高速公路某收费站年均强浓雾（$v_{\min}<50$ m）日数、年均浓雾（50 m $\leqslant v_{\min}<200$ m）日数和年均大雾（200 m $\leqslant v_{\min}<$ 500 m）日数，其中 $v_{\min}$ 代表日最低能见度。A_i 优先通过邻近交通气象观测站监测数据统计得出，没有交通气象观测站的，用邻近国家气象站站雾灾情资料分级统计得出；承灾体空间脆弱性分指标 $V_s=\sum_{i=1}^{3}b_iB_i$ ，$i=1,2,3$ 时，B_i 分别代表高速公路某收费站是否处于雾多发路段、所处位置的公路路网密度、日均单向最大车流量；承灾体易损性分指标 $V=\sum_{i=1}^{3}c_iC_i$ ，$i=1,2,3$ 时，C_i 分别代表高速公路某收费站因雾造成的年平均封路次数、年累计封路时长和年均交通事故起数。a_i、b_i、c_i 分别为它们对应的权重系数，3 个分指标确定后，即可建立如下雾灾风险区划模型：

$$R_{\text{fog}}=a\times H+b\times V_s+c\times V$$

各个分指标采用标准化方法进行无量纲化处理：

$$y_i=\frac{x_i-\min\limits_{1\leqslant i\leqslant n}\{x_i\}}{\max\limits_{1\leqslant i\leqslant n}\{x_i\}-\min\limits_{1\leqslant i\leqslant n}\{x_i\}}$$

雾灾风险区划模型中 3 个指标的权重系数 a_i 、b_i 、c_i 通过层次分析法确定：对因子进行两两比较建立成对比较矩阵 $\boldsymbol{A}$ ，即每次取两个因子 x_i 和 x_j ，以 a_{ij} 表示 x_i 和 x_j 对某个指标 Z 的影响大小之比，引用数字 1、3、5、7、9 及其倒数作为影响程度的标度（表 8.1）。

$$\boldsymbol{A}=\begin{bmatrix} a_{11} & a_{12} & \cdots & a_{1m} \\ a_{21} & a_{22} & \cdots & a_{2m} \\ \cdots & \cdots & \cdots & \cdots \\ a_{m1} & a_{m2} & \cdots & a_{mm} \end{bmatrix}$$

针对雾灾风险区划模型 3 个分指标及总模型中各权重系数的贡献，建立如下 4 个比较矩阵：

$$\boldsymbol{H}_A=\begin{bmatrix} 1 & 3 & 5 \\ \frac{1}{3} & 1 & 4 \\ \frac{1}{5} & \frac{1}{4} & 1 \end{bmatrix},\boldsymbol{V}_{s_A}=\begin{bmatrix} 1 & 7 & 6 \\ \frac{1}{7} & 1 & \frac{1}{3} \\ \frac{1}{6} & 3 & 1 \end{bmatrix}$$

$$V_A = \begin{bmatrix} 1 & 2 & 6 \\ \frac{1}{2} & 1 & 5 \\ \frac{1}{6} & \frac{1}{5} & 1 \end{bmatrix}, R_A = \begin{bmatrix} 1 & 9 & 2 \\ \frac{1}{9} & 1 & \frac{1}{9} \\ \frac{1}{2} & 9 & 1 \end{bmatrix}$$

计算各矩阵的最大特征值,分别为 3.0858、3.0999、3.0291、3.0536,特征向量分别为

$$W_{H_A} = (0.6267, 0.2797, 0.0936)$$

$$W_{V_{s_A}} = (0.7504, 0.0782, 0.1713)$$

$$W_{V_A} = (0.5769, 0.3420, 0.0811)$$

$$W_{R_A} = (0.3667, 0.5820, 0.0513)$$

一致性指标分别为 0.0429、0.05、0.0145、0.0268,均通过了一致性检验。也就是说上述矩阵的特征向量可以作为模型对应指标的权重系数。

表 8.1　层次分析法标度对照

		含义
标度	1	表示两个因素相比,具有相同的重要性
	3	表示两个因素相比,一个因素比另一个因素稍微重要
	5	表示两个因素相比,一个因素比另一个因素明显重要
	7	表示两个因素相比,一个因素比另一个因素强烈重要
	9	表示两个因素相比,一个因素比另一个因素极端重要
倒数		倒数因素 i 与因素 j 相比得 a_{ij},且 j 与 i 比判断为 $1/a_{ij}$

注:2、4、6、8 分别为上述相邻判断的中值

8.2.1.3　高速公路雾灾风险等级划分

计算河北省 37 条高速公路沿线 345 个收费站的雾灾风险区划数值,发现各站的雾灾风险区划值在 0～0.7(图 8.1)。通过标准差分类法,以风险区划数值的平均值和标准差为依据,将雾灾风险区划分为 4 个等级(表 8.2)。

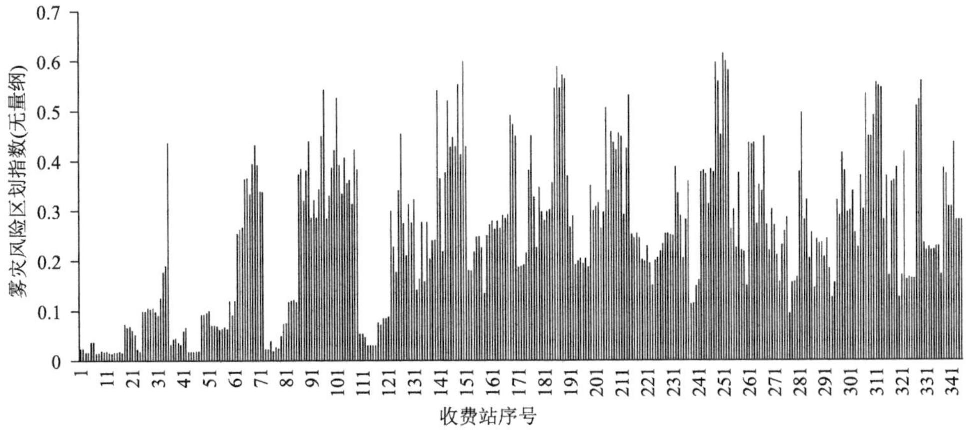

图 8.1　河北省 37 条高速公路沿线 345 个收费站的雾灾风险数值

表 8.2 河北省高速公路雾灾风险区划等级

雾灾风险区划数值	雾灾风险区划等级	等级描述	表示颜色
$R_{fog}<0.1$	1	低风险	蓝
$0.1\leqslant R_{fog}<0.25$	2	较高风险	黄
$0.25\leqslant R_{fog}<0.4$	3	高风险	橙
$R_{fog}\geqslant 0.4$	4	极高风险	红

8.2.1.4 高速公路雾灾风险区划结果分析

将全省各个高速公路收费站的雾灾风险等级绘制成河北省高速公路雾灾风险区划图(图8.2),从图中可见,北部地区、西部山区、沧州沿海地区的高速公路雾灾风险等级较低,而东部南部平原地区的高速公路雾灾风险等级较高。北部的张家口、承德以及保定西北部地区的高速公路雾灾风险等级以1级低风险为主,部分路段达到2级较高风险,但是处于石家庄西部的西柏坡高速全路段雾灾风险等级达到3级,分析发现,西柏坡高速沿线有温塘、岗南水库等7个收费站,这些收费站邻近的国家气象站年均观测到能见度低于50 m的日数可达6 d,能见度低于200 m的日数可达15 d以上,且有4个收费站所处路段年均交通事故起数超过5起,属交通事故多发路段,因此,西柏坡高速公路雾灾风险等级较西部山区其他高速公路偏高。东部、南部平原地区的高速公路雾灾风险等级绝大多数在3级高风险及以上,4级极高风险主要集中在秦皇岛东南部、唐山南部、保定东部、沧州西部、衡水中西部、石家庄东部、邢台东部、邯郸东部。以沿海高速为例,秦皇岛西站以及秦皇岛东南部的昌黎南站至唐山全线(主线站除外)全部为4级,由表8.3可见,秦皇岛西站、昌黎南站至唐海北站之间全部属于局地浓雾多发路段,年平均交通事故起数均在9起以上,而南堡和丰南南站虽不是局地浓雾多发路段,但是年均大雾日数、浓雾日数、强浓雾日数均明显偏多,雾灾风险等级也随之增加,滦河主线站之所以风险等级为2级,除年均浓雾日数和强浓雾日数较少外,还可能与主线站尽量少封闭的管制方式有关。

表 8.3 沿海高速秦皇岛至唐山段各站对应指标

收费站名称	对应桩号	因雾年平均封路次数	累计封路时长(h)	年平均交通事故起数	年均50 m以下雾日(d)	年均200 m以下雾日(d)	年均500 m以下雾日(d)	是否局地浓雾多发路段	雾灾风险区划等级
秦皇岛西	K2	38.0	1736.7	14.0	9.4	65.1	86.6	1(是)	4
北戴河主线	K10	40.4	1783.1	7.0	3.0	21.0	34.6	1	3
抚宁站	K20	36.5	1682.6	5.5	0.0	0.9	2.6	0(否)	2
昌黎东	K31	39.2	1734.7	6.5	6.4	29.2	52.3	0	3
昌黎南	K46	39.1	1744.4	9.0	16.3	36.9	61.7	1	4
荒佃庄	K53	40.7	1796.1	12.5	8.4	25.6	46.2	1	4
乐亭东	K71	45.2	1857.8	16.0	6.8	30.3	50.9	1	4
乐亭南	K88	40.4	1663.2	15.5	7.7	30.6	49.3	1	4
滦南南	K105	38.6	1588.7	15.5	18.6	44.8	65.4	1	4
唐海北	K122	38.4	1638.4	16.0	7.2	29.0	48.7	1	4
南堡	K142	40.5	1670.6	12.5	20.6	61.4	103.5	0	4
丰南南	K156	36.2	1445.3	11.0	12.9	36.4	63.2	0	4
澜河主线	K162	3.9	165.9	2.0	13.0	9.0	44.0	0	2

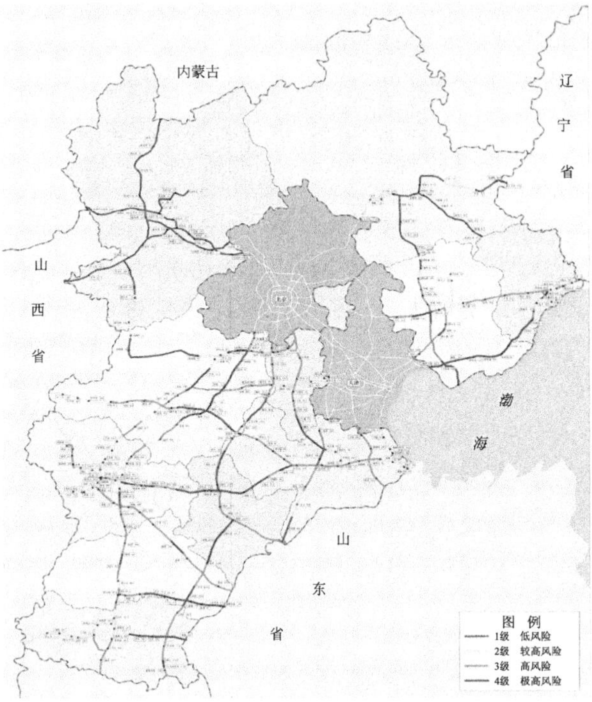

图 8.2　河北省高速公路雾灾风险区划(附彩图)

8.2.2　高速公路路面结冰灾害风险区划

8.2.2.1　高速公路路面结冰灾害风险区划模型

参照高速公路雾灾风险区划的方法，将高速公路相邻两个收费站之间年低温日数、年结冰日数、年降雪总量、年雪或雨夹雪日数作为致灾因子危险性因子，将基于风险普查结论的该路段是否为路面结冰易发路段、高速公路路网密度、日均单向车流量作为承灾体空间脆弱性因子，将该路段年度内因路面结冰造成的封闭管制次数、累计封路时长、交通事故次数作为承灾体易损性指标。建立如下路面结冰灾害风险区划模型：

$$R_{ice} = a \times H + b \times V_s + c \times V$$

式中，R_{ice} 为路面结冰风险指数；H 为致灾因子危险性指标；Vs 为承灾体脆弱性指标；V 为孕灾环境敏感性指标。a、b、c 分别为它们的权重系数。

采用标准化方法进行无量纲化处理，通过层次分析法确定模型中各因子的权重系数(表 8.4)。

表 8.4　河北省高速公路路面结冰灾害风险区划等级

路面结冰风险区划数值	路面结冰风险区划等级	等级描述	表示颜色
$R_{ice}<0.33$	1	低风险	蓝
$0.33\leqslant R_{ice}<0.47$	2	较高风险	黄
$0.47\leqslant R_{ice}<0.58$	3	高风险	橙
$R_{ice}\geqslant 0.58$	4	极高风险	红

8.2.2.2 高速公路路面结冰灾害风险区划结果分析

图 8.3 为河北省高速公路路面结冰灾害风险区划图，从图中可见，河北省高速公路路面结冰极高风险区位于张家口中北部和西部、承德、邯郸西部地区高速公路路段，包括张石高速的张家口南—察北段、京藏高速的张家口东—东洋河主线站路段、张承高速的纬三路—崇礼北路段、宣大高速化销营和阳泉路段、大广高速承德段、长深高速承德段、青兰高速的磁山—涉县东路段；路面结冰高风险区位于张家口东部和南部、承德南部、保定西部、沧州西部、石家庄西部、邢台东部、邯郸东部东北部和中部地区高速公路路段，包括京新高速张家口段、京藏高速东花园主线站—宣化北段、宣大高速部分路段、张石高速涞源南—北辛庄段、清西陵支线、承秦高速承德段、保阜高速平阳—东下关路段、石太高速井陉—天长段、青银高速邢台段、大广高速南宫—大名段、京港澳高速内丘—沙河段和邯郸东—磁县段、黄石高速的西兆通—北五女段和藁城段等；路面结冰低风险路段位于京秦高速迁西支线、京昆高速涞水东—辛木段、津汕高速廊坊段、黄石高速石家庄—西古城段、邢衡高速巨鹿段等；其他大部分高速为高速公路路面结冰较高风险路段。

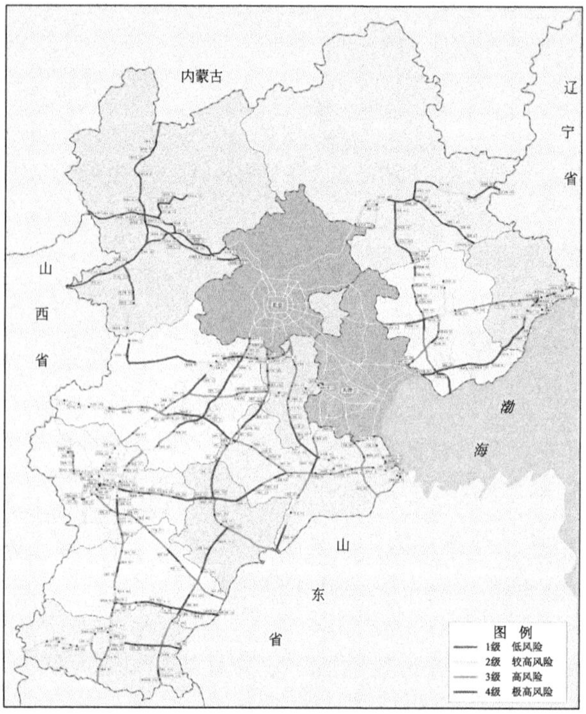

图 8.3 河北省高速公路路面结冰灾害风险区划(附彩图)

8.3 高速公路气象灾害风险等级预报模型

8.3.1 资料及因子选取

造成河北省高速公路封闭和交通事故的气象条件主要有雾、路面结冰和强降雨。因此，所用资料包括河北省高速公路沿线 156 套交通气象观测站能见度、降水量、气温、路面温度逐分钟观测资料和全省 142 个国家气象站气温、降水量逐时观测资料及重要天气报;因气象条件造成的高速公路封闭管制、交通事故及日均车流量资料和雾(团雾)、路面结冰、强降雨易发路段等风险普查资料。资料时段为 2012 年 1 月—2017 年 12 月。

在建立高速公路分灾种风险等级预报模型时,主要考虑雾、路面结冰和强降雨天气下对行车安全可能产生风险的综合因素。从致灾因子的危险性、承灾体脆弱性和易损性等方面考虑,选取雾的强度(等级)、路面结冰程度、雨强及雨量、持续时间以及行车位置所处的风险路段、行车时段、单项车流量和地形等因子构建模型。

8.3.2　分灾种风险等级预报模型

研究指出,加权分析法适用于影响因素较多的风险评价模型研究。由于雾、路面结冰、强降雨天气条件下影响高速公路的因子众多且量级不统一,为了更好地反映多指标综合风险程度,且便于业务化,建立河北省雾、路面结冰和强降雨天气情况下高速公路分灾种风险等级预报模型,表达式如下:

$$I_{\text{fog}} = aL_{\text{fog}} + \sum_{i=1}^{3} b_i T_{\text{fog}_i} + cZ_{\text{fog}} + dN + eD_{\text{fog}} + fT_{\text{v-fog}}$$

$$I_{\text{icing}} = a_1 L_r + a_2 L_t + bT_{\text{icing}} + cZ_{\text{icing}} + dN + eD_{\text{icing}} + fT_{\text{v-icing}}$$

$$I_{\text{rain}} = a_1 P_{r-3} + a_2 P_{r3} + a_3 L_{r-\max} + \sum_{i=1}^{4} b_i T_{\text{rain}_i} + cZ_{\text{rain}} + dN + eD_{\text{rain}} + fT_{\text{v-rain}}$$

式中,I_{fog} 、I_{icing} 、I_{rain} 分别表示高速公路雾灾、路面结冰灾害、强降雨灾害风险指数;L_{fog} 、L_r 、L_t 和 $L_{r\text{-max}}$ 分别为雾、降水、气温以及预报时段内最大小时雨强等级;P_{r3}、P_{r-3} 分别为预报时段 3 h 内及之前 3 h 累计雨量等级;T_{fog_i} 、T_{icing} 、T_{rain_i} 为不同等级雾的持续小时数、路面结冰持续小时数和不同等级降雨的持续小时数;Z_{fog} 、Z_{icing} 、Z_{rain} 为各灾种的风险区划等级;N 表示单项车流量;D_{fog} 、D_{icing} 、D_{rain} 表示地形;$T_{\text{v-fog}}$ 、$T_{\text{v-icing}}$ 、$T_{\text{v-rain}}$ 表示行车时段;$a \sim f$ 为各变量的权重系数。

8.3.3　分灾种模型因子取值及计算

考虑到风险预报产品最终以等级展示,为便于业务化,采用赋值法对分灾种风险等级预报模型中各因子进行取值。预报时段按 08 时—08 时,以 3 h 间隔划分。

8.3.3.1　灾害性天气强度取值

雾的强度采用预报时段内能见度最小值表示,取值标准参考气象行业标准《高速公路交通气象条件等级》;不具备能见度客观化数值预报条件的,可结合本地雾的分级指标赋值。路面结冰程度采用降水和气温 2 个指标综合表示。其中,在降水分指标的影响因子选择上,采用 Kendall 相关法,对路面结冰引发的高速公路封闭事件与事件发生时间所在的预报时段(3 h)、预报时段及前 3 h(6 h)、预报时段及前 9 h(12 h)累计降水量分别进行相关分析,发现高速公路封闭事件与预报时段及前 3 h 累计雨量相关性最好,故而选取该时段及前 3 h(6 h)的累计降水量作为降水指标的影响因子。降水和气温的取值标准由交通事故、封路信息及其对应的气象要素条件,以及路面温度(基于观测试验)与气温的关系共同确定。强降雨的强度采用降水量和最大小时雨强来表示,其中在降水量分指标的影响因子选择上,同样选取高速公路封闭事件发生时间所在的预报时段及之前 3 h 累计降水量作为影响因子；雨强的取值标准参照现行气象行业标准《高速公路交通气象条件等级》，具体如下：

$$L_{fog}=\begin{cases}5, & v_{min}\leqslant 50\\ 4, & 50<v_{min}\leqslant 200\\ 3, & 200<v_{min}\leqslant 500\\ 2, & 500<v_{min}\leqslant 1000\\ 1, & v_{min}>1000\end{cases},\ L_r=\begin{cases}3, & r\geqslant 2.5\\ 2, & 1\leqslant r<2.5\\ 1, & 0<r<1\end{cases},\ L_t=\begin{cases}3, & t_{min}\leqslant -2\\ 2, & -2<t_{min}\leqslant 0\\ 1, & 0<t_{min}\leqslant 2\end{cases},$$

$$P_{r-3}=\begin{cases}3, & r_{-3}\geqslant 200\\ 2, & 100\leqslant r_{-3}<200\\ 1, & 50\leqslant r_{-3}<100\\ 0, & 0\leqslant r_{-3}<50\end{cases},\ P_{r3}=\begin{cases}3, & r_3\geqslant 100\\ 2, & 50\leqslant r_3<100\\ 1, & 20\leqslant r_3<50\\ 0, & 0\leqslant r_3<20\end{cases},\ L_{r-max}=\begin{cases}4, & I_r\geqslant 50\\ 3, & 30\leqslant I_r<50\\ 2, & 10\leqslant I_r<30\\ 1, & I_r<10\end{cases}$$

式中，v_{min} 为最小能见度(m)；r 为降水量(mm)；t_{min} 为预报时段内最低气温(℃)；r_{-3}、r_3 分别为预报时段前 3 h 和 3 h 累计降水量(mm)，I_r 为小时雨强(mm/h)。

8.3.3.2 持续时间取值

雾灾风险等级预报模型中，采用预报时段内出现对行车有影响的雾(能见度低于 500 m)小时数表示，当 $i=1、2、3$ 时，T_{fog_i} 分别取能见度低于 50 m、50～200 m、200～500 m 三种不同等级雾的持续小时数。路面结冰灾害风险等级预报模型中，采用预报时效内出现路面结冰的小时数表示。强降雨灾害风险等级预报模型中，根据累计降水量和最大小时雨强的取值，从中按照影响程度选出一个严重的因子，按从大到小的量级，将各量级持续小时数依次为 T_{rain_i} 赋值。

8.3.3.3 其他因子取值

风险区划等级 Z_{fog}、Z_{icing}、Z_{rain}，参考河北全省高速公路精细化的风险区划等级，取值范围为 1～4。预报时效内，单项车流量 N 和地形 D 的取值以公安交管部门的经验指标为准。雾的发生时段取值主要参考周贺玲等(2011)的分析结果，雾生的峰值集中在 20 时—次日 08 时，雾消集中在 05—12 时。李迅等(2012)研究表明，80％的高速公路路面结冰事件发生在 20 时—次日 08 时，且以后半夜为主。与雾和路面结冰相比，强降雨的发生和结束时间规律性不强，故而主要考虑司机的疲惫程度、夜间反应状况、视线清晰程度来取值。具体取值如下：

$$N=\begin{cases}3, & [0.25,\infty)\\ 2, & [0.0625,0.25)\\ 1, & (0,0.0625)\end{cases}$$

$$D_{fog}=\begin{cases}3,\text{水体}\\ 2,\text{弯路}\\ 1,\text{普通路段}\end{cases},\ D_{icing}=\begin{cases}3,\text{桥面、低洼路段或山路背阳面}\\ 2,\text{山路朝阳面}\\ 1,\text{普通路段}\end{cases},\ D_{rain}=\begin{cases}3,\text{山区或河道附近}\\ 2,\text{地势低洼路段}\\ 1,\text{普通路段}\end{cases}$$

$$T_{v\text{-}fog}=\begin{cases}4, & 02—08\text{时}\\ 3, & 20\text{时}—\text{次日}02\text{时}\\ 2, & 08—12\text{时}\\ 1, & 12—20\text{时}\end{cases},\ T_{v\text{-}icing}=\begin{cases}3, & 00—08\text{时}\\ 2, & 18—24\text{时}\\ 1, & 08—18\text{时}\end{cases},\ T_{v\text{-}rain}=\begin{cases}3, & 00—08\text{时}\\ 2, & 18—24\text{时}\\ 1, & 08—18\text{时}\end{cases}$$

对分灾种风险等级预报模型中各因子赋值后，对各因子进行标准化处理。运用层次分析法对模型中各因子进行两两比较，构建对比矩阵，计算各矩阵的最大特征值和特征向量，并进行一致性检验，将通过检验的矩阵特征向量作为模型对应指标的权重系数(表8.5)，进而计算分灾种风险指数，然后采用标准差分类法进行风险指数等级划分(表8.6)。

表8.5 河北省高速公路各灾种风险等级预报模型因子的权重系数

权重系数	雾	路面结冰	强降雨	权重系数	雾	路面结冰	强降雨
a	0.558			b_3	0.042		0.063
a_1		0.351	0.092	b_4			0.031
a_2		0.221	0.139	c	0.098	0.037	0.032
a_3			0.332	d	0.060	0.076	0.054
b		0.195		e	0.037	0.078	0.092
b_1	0.215		0.186	f	0.032	0.042	0.073
b_2	0.108		0.095				

表8.6 河北省高速公路分灾种风险指数及等级划分

风险等级	雾灾风险指数	路面结冰灾害风险指数	强降雨灾害风险指数
1	$I_{fog}<0.46$	$I_{icing}<0.49$	$I_{rain}<0.49$
2	$0.46\leqslant I_{fog}<0.61$	$0.49\leqslant I_{icing}<0.66$	$0.49\leqslant I_{rain}<0.67$
3	$0.61\leqslant I_{fog}<0.76$	$0.66\leqslant I_{icing}<0.84$	$0.67\leqslant I_{rain}<0.83$
4	$I_{fog}\geqslant 0.76$	$I_{icing}\geqslant 0.84$	$I_{rain}\geqslant 0.83$

8.3.4 高速公路通行状况综合风险等级预报模型

根据前面分析，综合雾、路面结冰和强降雨3种高速公路高影响天气的发生风险，建立高速公路通行状况综合风险等级预报模型，其表达式为

$$I=\sum_{i=1}^{3} I_i$$

式中，I为高速公路通行状况综合风险判别指标，$I_i(i=1,2,3)$分别表示雾灾风险指标、路面结冰灾害风险指标和强降雨灾害风险指标。考虑到当两种高影响天气同时出现(强降雨和路面结冰不会同时出现)时，高速公路通行状况综合风险等级需要上升到更高一级；而当三种高影响天气均为1级低风险时，综合风险等级不应升级。为满足上述条件且便于运算处理，参照现行气象行业标准《公路交通行车气象指数》(QX/T 415—2018)中行车气象指数判别指标的赋值方法，当高影响天气风险等级为1、2、3、4级时，I_i分别赋值1、10、20、40。最终得到河北省高速公路通行状况综合风险等级的判别标准：$I<10$时，高速公路通行状况综合风险等级为1级，低风险；$10\leqslant I<20$时，高速公路通行状况综合风险等级为2级，较高风险；$20\leqslant I<40$时，高速公路通行状况综合风险等级为3级，高风险；$I\geqslant 40$时，高速公路通行状况综合风险等级为4级，极高风险。

在日常业务中，将5 km空间分辨率、3 h时间分辨率的智能网格化预报产品输入专业

气象大数据平台，计算得到河北全省高速公路每日 2 次、预报时长 24 h 的高速公路通行状况综合风险等级预报产品。由于高速公路管制多以收费站口封闭实现，因此在预报服务中选择高速公路收费站口前行方向至下一收费站之间最高风险等级作为该路段的通行状况风险等级。

在对高速公路通行状况综合风险等级预报产品检验时，以因雾、路面结冰、强降雨造成的高速公路封闭时长作为通行状况影响程度的检验标准。选取 2015 年因雾、路面结冰和强降雨造成河北省高速公路封闭的样本分别为 4154 站次、1363 站次、57 站次，无封闭样本 3128 站次。统计发现，3 种天气条件造成的河北省高速公路封闭时长在 0～87 h，因雾造成的公路封闭次数最多，其次是路面结冰，而强降雨造成的封闭次数显著偏少，不足 10 次，其中因雾和路面结冰造成的封闭时长多集中在 1～25 h(图 8.4)，通过标准差分类法，以封闭时长的平均值和标准差为依据，将因气象条件造成的高速公路封闭时长 T_c 划分为 4 个等级，即 $T_c<3$ h 、3 h $\leqslant T_c<9$ h 、9 h $\leqslant T_c<18$ h 、$T_c\geqslant 18$ h 。考虑到 $T_c\geqslant 18$ h 的样本占比及其影响程度，将封闭时长在 9～18 h 和超过 18 h 的合并，与高速公路通行状况综合风险判别指标的 4 级对应，其他级别一一对应，得到高速公路通行状况综合风险等级判别(表 8.7)。

回算检验样本对应的高速公路通行状况综合风险等级，共计 8702 个样本。计算得出，预报的通行状况综合风险等级与实际封闭情况完全相符的占总样本数的 76.7%，相差 1 个等级的占 15.2%，相差 2 个等级的占 8.1%，相差 3 个等级的情况没有出现，其准确率能够满足日常交通气象服务业务需求。

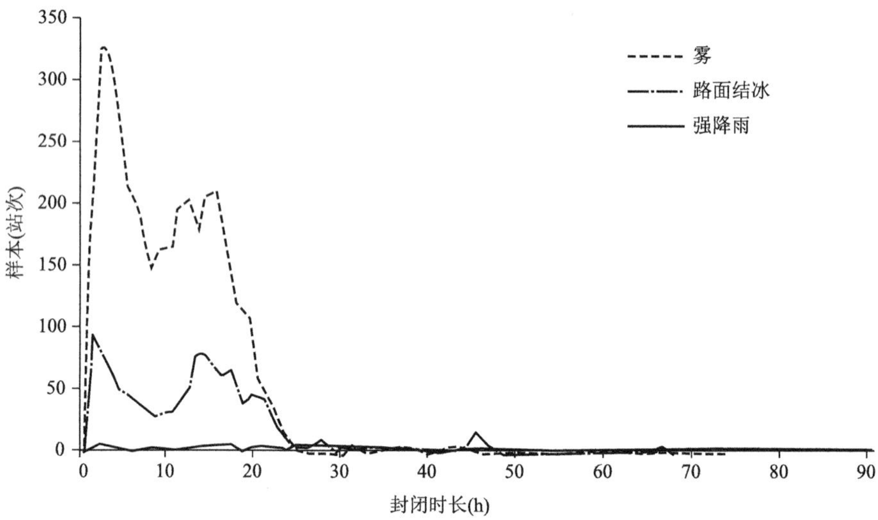

图 8.4 不同气象条件造成的河北省高速公路封闭时长

表 8.7 河北省高速公路通行状况综合风险等级判别

风险等级	判别指标	等级描述
1	$I<10$	高速公路不会因气象条件封闭
2	$10\leqslant I<20$	有不良天气发生，高速公路封闭时长预计在 3 h 以内
3	$20\leqslant I<40$	有恶劣天气发生，高速公路封闭时长预计在 3～9 h
4	$I\geqslant 40$	有灾害性天气发生，高速公路封闭时长预计超过 9 h

8.4 高速公路气象灾害预警模型

8.4.1 雾天高速公路通行预警模型

一次大雾天气过程对公路通行的影响与大雾的强度和范围、公路交通流量、公路地形等要素有关，同等强度的大雾天气过程对车流量密集路段的社会影响明显高于车流量稀疏的路段。采用气象、交通、地理信息等综合因素建立河北省雾天高速公路通行预警模型：

$$V=\sum_{i=1}^{2}\sum_{j=1}^{3}(a_iA_{ij}+b_iB_{ij})+\sum_{j=1}^{3}c_1C_{1j}+\sum_{j=1}^{2}d_1D_{1j}$$

式中，V 为雾天公路通行条件预警综合指标；A_{1j} 为雾情描述，依据可能或已出现雾的预警级别或能见度大小判断取值，分为 A_{11}、A_{12}、A_{13} 三类，分别对应大雾红色、橙色和黄色预警信号或者能见度 $V<50$ m、50 m$\leqslant V<200$ m 和 200 m$\leqslant V<500$ m；A_{2j} 为影响范围，依据大雾同时影响高速经过的县市数量判断取值，分为 A_{21}、A_{22}、A_{23} 三类，分别以影响县市总数的 3/4、1/2 为界限取值；B_{1j} 为路网密度，依据每百平方千米公路范围内技术等级为二级及以上公路的密集程度计算取值，按照 100%、60%、30%分为三类，分别为 B_{11}、B_{12}、B_{13}，其中，河北省境内张家口、承德两市取 60%，其他地市取 100%，河北省没有 30%，路网密度指标在各等级的阈值界定分别为$B_1\geqslant 11.34$、$4.33\leqslant B_1<11.34$ 和 $B_1<4.33$；B_{2j} 为路网影响程度，指受影响区域内不同等级公路受影响的综合比例，按 4∶3∶3 分为三类，分别为 B_{21}、B_{22}、B_{23}，路网影响程度指标在各等级的阈值界定分别为 $0.6\leqslant B_2<1.0$、$0.3\leqslant B_2<0.6$ 和 $0\leqslant B_2<0.3$；C_{1j} 为拥挤度，依据路网实际交通量与适应交通量之比，根据《2009 年国家干线公路交通情况分析报告》，河北省国家高速公路拥挤度 C_1 为 0.363，其他高速公路为 0.281，C_1 范围为 0～1.043，按 4∶3∶3 分为三类，分别为 C_{11}、C_{12}、C_{13}；拥挤度指标在各等级的阈值界定分别为 $0.6\leqslant C_1<1.043$、$0.3\leqslant C_1<0.6$ 和 $0\leqslant C_1<0.3$；D_{1j} 为地形特征，分为山岭重丘 D_{11} 和平原微丘 D_{12} 两类；a_i、b_i、c_1、d_1 为指标权重。

通过分析河北省 2010—2012 年 28 个大雾个例，采用专家评判法对雾天公路通行条件预警各项指标赋权赋值，将其平均值作为河北省雾天公路通行预警指标计算公式的权重系数和指标(表 8.8)。同时根据大雾情况及其影响范围，结合路网、交通和地形因素，将河北省雾天高速公路通行条件预警级别按由弱到强分为三个等级：$0<V\leqslant 4$ 时，为大雾黄色预警；$4<V\leqslant 7$ 时，为大雾橙色预警；$7<V\leqslant 10$ 时，为大雾红色预警。

表 8.8 河北省雾天高速公路通行预警指标权重及指标值

指标权重		指标值	
a_1	0.509	A_{11}	10
		A_{12}	6
		A_{13}	3
a_2	0.164	A_{21}	10
		A_{22}	6
		A_{23}	3

续表

指标权重		指标值	
b_1	0.03	B_{11}	10
		B_{12}	6
		B_{13}	3
b_2	0.125	B_{21}	10
		B_{22}	6
		B_{23}	3
c_1	0.06	C_{11}	10
		C_{12}	6
		C_{13}	3
d_1	0.112	D_{11}	10
		D_{12}	6

为验证预警指标的预测效果，选取 2013—2014 年河北省境内京沪、黄石高速雾天样例代入雾天公路通行预警指标进行检验。以实际预警级别与预测预警级别差值 ΔL 作为判别依据，结果如表 8.9 所示。

表 8.9　河北省高速公路雾天公路通行预警指标检验结果

高速名称	样本数	$\|\Delta L\|=0$	$\|\Delta L\|=1$	$\|\Delta L\|>1$
京沪高速	25	21	3	1
黄石高速	29	22	5	2

$|\Delta L|$ 代表差值的绝对值

从表 8.9 可以看出，京沪高速 25 个检验样本中，雾天公路通行预警级别预测值与实际值一致的样本数是 21 个，占总样本数的 84%，预测值与实际值相差 1 的样本数是 3 个，占总样本数的 12%，预测值与实际值相差大于 1 的样本数是 1 个，占总样本数的 4%；黄石高速 29 个检验样本中，雾天公路通行预警级别预测值与实际值一致的样本数是 22 个，约占总样本数的 75.9%，预测值与实际值相差 1 的样本数是 5 个，约占总样本数的 17.2%，预测值与实际值相差大于 1 的样本数是 2 个，约占总样本数的 6.9%。在 $|\Delta L|=1$、$|\Delta L|>1$ 中，无论是京沪还是黄石高速都是预测值高于实际值，在 $|\Delta L|>1$ 中，京沪、黄石高速的预测值比实际值高 2 级，占总样本的 5.6%，这样可以避免因预警级别低、人们准备工作不足产生的损失。通过检验，京沪、黄石高速雾天公路通行预警级别预测值与实际值相差 1 以内的占 93%以上，预测效果较好，对交通行业雾天气象服务及防灾减灾起到了一定的指导作用。

8.4.2　冰雪天气高速公路通行预警模型

行驶在冰雪道路下机动车发生交通事故率是其正常天气状态下的 2 倍，其中 70%的事故可能引发伤亡。冰雪天气交通事故的受伤率比雨天高，并且在雪后一周由残雪引发的交通事故率还会上升。基于气象、路面和地形因素建立了河北省冰雪天气公路通行预警指标体系(图 8.5)。

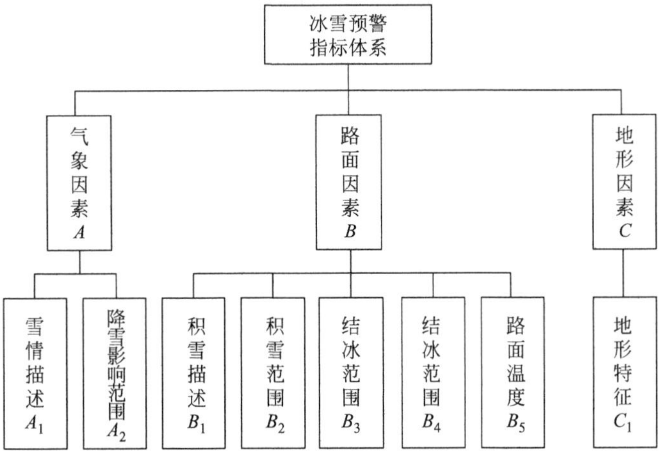

图 8.5　冰雪天气公路通行条件预警模型架构

冰雪预警指标 I 定义为

$$I=\sum_{i=1}^{2}\sum_{j=1}^{3}a_iA_{ij}+\sum_{i=1}^{4}\sum_{j=1}^{3}b_iB_{ij}+\sum_{j=1}^{2}b_5B_{5j}+\sum_{j=1}^{3}c_1C_{1j}$$

式中，I 为冰雪公路通行条件预警综合指标；A_{1j} 为雪情描述，有降雪，气温低于 4 ℃或路温低于 0 ℃，A_{11}、A_{12}、A_{13} 分别为大雪及以上、中雪、小雪或雨夹雪；A_{2j} 为降雪影响范围，依据降雪同时影响高速公路经过的县市数量判断取值，A_{21}、A_{22}、A_{23} 分别以影响县市总数的 3/4、1/2 为界取值；B_{1j} 为积雪描述，依据高速路面积雪的深度判断取值，$B_{11}\geqslant 5.0$ cm、3.0 cm$\leqslant B_{12}\leqslant$ 4.9 cm 和 1.0 cm$\leqslant B_{13}\leqslant$2.9 cm；$B_{2j}$ 为积雪范围，依据积雪同时影响高速公路经过的县市数量判断取值，B_{21}、B_{22}、B_{23} 分别以影响县市总数的 3/4、1/2 为界取值；B_{3j} 为结冰强度，指路温低于 0 ℃，出现降水，B_{31}、B_{32}、B_{33} 分别为 2 h、6 h、12 h 可能出现对交通有较大影响的道路结冰或者对应红色、橙色、黄色道路结冰预警信号；B_{4j} 为结冰范围，依据道路结冰同时影响高速公路经过的县市数量判断取值，B_{41}、B_{42}、B_{43} 分别以影响县市总数的 3/4、1/2 为界取值；B_{5j} 为路面温度，取 $B_{51}\leqslant 0$ ℃、$B_{51}>0$ ℃；C_{1j} 为地形特征，分为山岭重丘 C_{11} 和平原微丘 C_{12} 两类；a_i、b_i、c_1 为指标权重。

通过分析河北省 2008—2012 年 29 个发生在高速公路沿线上的冰雪天气个例，采用专家评判法对冰雪天气公路通行条件预警各项指标赋权赋值，将其平均值作为河北省冰雪天气公路通行条件预警指标计算公式的权重系数和指标(表 8.10)。同时根据冰雪情况及其影响范围，结合地形因素，将河北省冰雪天气高速公路通行条件预警级别按由弱到强分为三个等级：$0<I\leqslant 4$ 时，为冰雪黄色预警；$4<I\leqslant 7$ 时，为冰雪橙色预警；$7<I\leqslant 10$ 时，为冰雪红色预警。

表 8.10　河北省冰雪天气高速公路通行条件预警模型权重系数

指标权重		指标值	
a_1	0.102	A_{11}	10
		A_{12}	6
		A_{13}	3

续表

指标权重		指标值	
a_2	0.07	A_{21}	10
		A_{22}	6
		A_{23}	3
b_1	0.16	B_{11}	10
		B_{12}	6
		B_{13}	3
b_2	0.09	B_{21}	10
		B_{22}	6
		B_{23}	3
b_3	0.23	B_{31}	10
		B_{32}	6
		B_{33}	3
b_4	0.12	B_{41}	10
		B_{42}	6
		B_{43}	3
b_5	0.1	B_{51}	10
		B_{52}	6
		B_{53}	3
c_1	0.02	C_{11}	10
		C_{12}	6
		C_{13}	3
c_2	0.008	C_{21}	10
		C_{22}	6
		C_{23}	3
d_1	0.03	D_{11}	10
		D_{12}	6
		D_{13}	3
e_1	0.07	E_{11}	10
		E_{12}	6

为了验证预警指标的预测效果，把 2013—2014 年京沪、京藏高速河北段冰雪样例代入冰雪天气公路通行预警指标进行检验。以实际预警级别与预测预警级别差值 ΔL 作为判别依据，结果如表 8.11 所示。

表 8.11　河北省冰雪天气高速公路通行预警指标检验结果

高速名称	样本数	$\|\Delta L\|=0$	$\|\Delta L\|=1$	$\|\Delta L\|>1$
京沪高速	13	10	1	2
京藏高速	19	16	2	1

$|\Delta L|$ 代表差值的绝对值

从表 8.11 可以看出，京沪高速 13 个检验样本中，冰雪天气公路通行预警级别预测值与实际值相同的样本数是 10 个，约占总样本数的 76.9%，预测值与实际值相差 1 的样本数是 1 个，占总样本数的 7.7%，预测值与实际值相差大于 1 的样本数是 2 个，约占总样本数的 15.4%；京藏高速 19 个检验样本中，冰雪天气公路通行预警级别预测值与实际值一致的样本数是 16 个，约占总样本数的 84.2%，预测值与实际值相差 1 的样本数是 2 个，约占总样本数的 10.5%，预测值与实际值相差大于 1 的样本数是 1 个，约占总样本数的 5.3%。通过检验，京沪、京藏高速河北省冰雪天气公路通行预警级别预测值与实际值相差 1 以内的占 89%以上，预测效果较好，对交通行业冰雪天气气象服务及防灾减灾起到指导作用。

8.5　高速公路交通事故气象预警模型

8.5.1　资料及方法

选取 2015 年 10 月—2018 年 10 月河北省高速公路交通事故资料，包括事故时间、事故起数、损失类型、事故所属高速路段及桩号等信息。将全省高速公路按照行政区域划分为 109 个路段，将日交通事故资料按路段进行筛选处理，共统计出 19561 个样本。

选取同期省内国家级气象观测站常规地面观测资料，包括日平均气温 $\bar{T}$ 、日最高气温 T_{max} 、日最低气温 T_{min} 、日均地面温度 $\bar{T}_{地面}$、日最高地面温度 $T_{地面max}$ 、日最低地面温度 $T_{地面min}$ 、08—20 时降水量 R_{08-20}、20—20 时降水量 R_{20-20}、日平均气压 $\bar{P}$ 、日平均相对湿度 $\overline{RH}$ 、日最小相对湿度 RH_{min} 、日最小能见度 V_{min} 、日平均风速 $\bar{w}$ 、日最大风速 w_{max} 等气象要素。定义 4—9 月为夏半年，10 月—次年 3 月为冬半年。

8.5.1.1　Logistic 回归原理

Logistic 模型是针对二分类因变量建立的一种概率回归模型，根据样本数据，采用最大似然法估计各参数值，从而求出因变量取值的概率。以日交通事故发生概率为因变量 y，对事故有显著影响的气象因素为自变量 x_i，交通事故发生的条件概率为 $P(y=1|x_i)=P_i$，其建立的 Logistic 回归模型如下：

$$P_i=\frac{1}{1+e^{-y}}=\frac{1}{1+e^{-(\alpha+\sum\limits_{i=1}^{m}\beta_i x_i)}},1-P_i=\frac{1}{1+e^{\alpha+\sum\limits_{i=1}^{m}\beta_i x_i}}(i=1,...,m)$$

$$\ln(\frac{P_i}{1-P_i})=\alpha+\sum_{i=1}^{n}\beta_i x_i$$

式中，P_i 表示第 i 个观测样本交通事故发生的概率；$1-P_i$ 表示第 i 个观测样本交通事故不发生的概率；y 表示交通事故有无发生，$y=1$ 表示发生，$y=0$ 表示不发生；x_i 为主成分分析筛选出的对交通事故影响较大的气象公因子；α 为常量；β_i 为需要拟合的模型参数，即第 i 个观测样本的事故发生概率；m 为影响因变量的自变量个数。

8.5.1.2 高速事故预警建模方法的改进及检验

经统计，2015 年 10 月—2018 年 10 月河北省高速事故日发生量为 1～49 起，夏、冬半年事故日发生量的众数均为 1 起，分别占各样本总数的 66.4%和 68.9%。将日发生量不高于众数 1 起的定义为事故低发路段，赋值为 0，高于众数 1 起的则定义为事故高发路段，赋值为 1，将 Logistic 模型因变量 y 转换成二分类变量。

为使构建的模型具有稳定性和通用性，分别对夏半年和冬半年的样本数据按照 7:3 进行随机抽样，对应作为训练样本和验证样本，其中夏半年训练样本 7927 个，验证样本 3361 个；冬半年训练样本 5846 个，验证样本 2427 个。然后，对与高速公路交通事故相关的 14 个气象要素进行主成分分析(PCA)，筛选对因变量影响较大的因子，提取夏、冬半年公共因子进入模型，利用训练样本估计模型系数，构建夏半年和冬半年高速交通事故气象预警模型，并利用验证样本对模型进行预测效果检验效果。

8.5.2 影响高速交通事故的气象要素分析

PCA 是把多个相关变量通过线性变换转化为几个相互间完全独立且基本能够代替原有变量信息的综合指标，这些综合指标称为主成分。对河北省高速公路交通事故的训练样本与气象观测数据进行主成分运算，得到夏、冬半年 KMO(Kaiser－Meyer－Olkin)检验值分别为 0.731、0.696，且 Bartlett 球形检验统计量的 Sig＜0.01，表明 14 个气象要素之间存在显著相关，各主成分的方差贡献率和累积贡献率如表 8.12 所示。主成分的方差贡献率越大，表示该因子越重要；方差累积贡献率越大，说明提取的主成分代表性越强。为保证方差累积贡献率达 85%以上，在夏、冬半年均提取了前 5 个主成分，累积贡献率分别为 88.052%和 89.977%。

表 8.12 夏、冬半年各主成分方差贡献率和累积贡献率 单位：%

主成分	夏半年		冬半年	
	方差贡献率	方差累积贡献率	方差贡献率	方差累积贡献率
$F1$	37.415	37.415	40.530	40.530
$F2$	23.023	60.438	20.287	60.817
$F3$	12.797	73.235	14.170	74.987
$F4$	7.931	81.166	8.724	83.711
$F5$	6.886	88.052	6.266	89.977
$F6$	4.486	92.537	4.723	94.700

主成分载荷是变量与主成分的相关系数，载荷绝对值较大的主成分，其与变量的关系更密切，更能代表该变量，而旋转后主成分的载荷分配较未旋转更易解释变量的意义，通过旋转后载荷矩阵可以找到主成分上有显著载荷的变量，高载荷变量对该主成分影响更大。

表 8.13 是夏半年 14 个气象要素对前 5 个主成分的载荷矩阵。可以看出，主成分 $F1$ 主要在温度要素上有较大的载荷值，包括日平均气温、日最高气温、日平均地面温度，故 $F1$ 主要解释温度类气象要素，称为温度因子；主成分 $F2$ 在湿度类要素上有较大的载荷值，能较好地反映日平均相对湿度和日最小相对湿度 2 个变量，故 $F2$ 主要解释湿度类要素，称为湿度因子；主成分 $F3$ 在 08—20 时降水量和 20 时—次日 20 时降水量 2 个变量上有较大的载荷值，反映降水量对高速公路交通的影响，称为降水量因子；主成分 $F4$ 在日平均风速和日最大风速 2 个变量上有较大的载荷值，故 $F4$ 可解释风速类要素，称为风速因子；主成分 $F5$ 在日平均气压上有较大的载荷值，反映气压对高速公路交通的影响，称为气压因子。

冬半年前 5 个主成分也有上述类似的结论（表略），只是温度因子中除日平均气温、日最高气温、日平均地面温度外，日最低气温对 $F1$ 也有较大的载荷值，因此冬半年高速公路交通事故的影响要素还应包括低温要素。

表 8.13 夏半年前 5 个旋转主成分载荷矩阵

气象要素	$F1$	$F2$	$F3$	$F4$	$F5$
$\bar{T}$	0.960	0.189	−0.003	−0.096	0.069
T_{max}	0.951	−0.048	−0.022	−0.085	0.057
T_{min}	0.829	0.477	0.046	−0.092	0.072
$\bar{T}_s$	0.973	−0.058	−0.059	−0.080	0.029
T_{s-max}	0.710	−0.550	−0.158	−0.006	−0.038
T_{s-min}	0.771	0.573	0.072	−0.113	0.056
R_{08-20}	−0.027	0.116	0.939	0.036	−0.003
R_{20-20}	−0.037	0.215	0.915	0.051	0.000
$\bar{P}$	0.099	0.028	−0.029	−0.161	0.931
$\overline{RH}$	0.081	0.906	0.163	−0.216	−0.013
RH_{min}	0.124	0.908	0.172	−0.158	−0.046
V_{min}	−0.041	−0.608	−0.094	−0.008	−0.440
$\bar{v}$	−0.114	−0.120	−0.015	0.911	−0.047
v_{max}	−0.110	−0.163	0.108	0.883	−0.131

通过运算得到 14 个气象要素变量标准化后得分，采用回归法估计主成分得分系数，分别得到夏半年（表 8.14）和冬半年（表略）前 5 个主成分得分系数矩阵，从而构建前 5 个主成分关于上述气象要素的得分函数，以 $F1$ 为例，其公式为

$$F1 = 0.21\bar{T} + 0.22T_{max} + 0.166T_{min} + 0.226\bar{T}_s + 0.192T_{s-max} + 0.148T_{s-min} + 0.024R_{08-20} + 0.017R_{20-20} - 0.026\bar{P} - 0.033\overline{RH} - 0.018RH_{min} + 0.035V_{min} + 0.037\bar{v} + 0.046v_{max}$$

利用 5 个主成分的方差贡献率作为权重，对主成分得分进行加权求和，进而得到综合主成分得分 zF，其表达式为

$$zF = 0.37415F1 + 0.23023F2 + 0.12797F3 + 0.07931F4 + 0.06886F5$$

表 8.14 夏半年前 5 个主成分得分系数矩阵

气象要素	$F1$	$F2$	$F3$	$F4$	$F5$
$\overline{T}$	0.210	0.016	0.005	0.032	0.001
T_{max}	0.220	−0.082	0.040	0.003	0.010
T_{min}	0.166	0.141	−0.028	0.066	−0.014
$\overline{T_s}$	0.226	−0.077	0.018	0.007	−0.018
T_{s-max}	0.192	−0.245	0.037	−0.032	−0.024
T_{s-min}	0.148	0.179	−0.032	0.058	−0.038
R_{08-20}	0.024	−0.136	0.576	−0.053	0.019
R_{20-20}	0.017	−0.084	0.539	−0.026	0.016
$\overline{P}$	−0.026	−0.092	0.022	0.024	0.891
$\overline{RH}$	−0.033	0.333	−0.058	−0.023	−0.117
RH_{min}	−0.018	0.342	−0.058	0.015	−0.145
V_{min}	0.035	−0.212	0.052	−0.148	−0.384
$\overline{v}$	0.037	0.098	−0.081	0.592	0.086
v_{max}	0.046	0.056	0.008	0.544	0.007

8.5.3 高速公路交通事故气象预警模型与检验

8.5.3.1 Logistic 回归模型构建

基于训练样本，分别利用夏、冬半年前 5 个公因子作为自变量，与交通事故建立 Logistic 回归模型。表 8.15 为进入 Logistic 回归方程的变量及统计量，其中 B 为回归模型的线性系数估计值；S.E 为回归系数的标准误差；Wals 为统计量，用来检验自变量对因变量的影响，其值越大表明自变量的作用越显著；Sig 为显著性水平，其值小于 0.05 才有统计学意义；Exp (B) 反映自变量变动一个单位而引起的发生比 Odds 的变化率。可以看出，夏半年主成分 $F1$ 的 Sig=0.743，未通过显著性检验，说明在二元 Logistic 回归方程中温度因子与高速公路交通事故无显著关系，在构建夏半年高速公路事故 Logistic 气象预警模型时，不予考虑该主成分；冬半年的 5 个公因子均通过显著性检验，说明自变量对回归方程的贡献均显著。因此，夏、冬半年的 Logistic 预警模型可表示为

$$P_s = \frac{\exp(-0.677 + 0.112F2 + 0.053F3 - 0.091F4 - 0.084F5)}{1 + \exp(-0.677 + 0.112F2 + 0.053F3 - 0.091F4 - 0.084F5)}$$

$$P_w = \frac{\exp(-0.827 + 0.255F1 + 0.092F2 + 0.122F3 - 0.083F4 - 0.104F5)}{1 + \exp(-0.827 + 0.255F1 + 0.092F2 + 0.122F3 - 0.083F4 - 0.104F5)}$$

式中：P_s、P_w 分别为夏、冬半年因气象要素影响而发生高速公路交通事故的概率；$F1$、$F2$、

$F3$、$F4$、$F5$ 为公因子得分。

表 8.15　进入 Logistic 模型的变量

		夏半年					冬半年				
		B	S. E	Wals	Sig.	Exp (B)	B	S. E	Wals	Sig.	Exp (B)
主成分	$F1$	0.008	0.024	0.108	0.743	1.008	0.255	0.028	81.202	0.000	1.291
	$F2$	0.112	0.024	22.019	0.000	1.118	0.092	0.028	10.471	0.001	1.096
	$F3$	0.053	0.024	5.111	0.024	1.055	0.122	0.027	20.232	0.000	1.130
	$F4$	−0.091	0.024	14.056	0.000	0.913	−0.083	0.030	7.966	0.005	0.920
	$F5$	−0.084	0.023	12.898	0.000	0.919	−0.104	0.028	13.461	0.000	0.901
常量		−0.677	0.024	805.073	0.000	0.508	−0.827	0.029	821.322	0.000	0.437

8.5.3.2　Logistic 回归模型检验

在 Logistic 回归模型检验前，以 $P=0.5$ 为临界点对验证样本进行判定，当 $P>0.5$ 时，判定高速事故发生，当 $P\leqslant 0.5$ 时则判定高速事故未发生。利用夏半年 3361 个事故验证样本对模型进行检验，发现在 2249 个低于或等于事故发生众数的样本中，有 5 个错判，正确率 99.8%，而在 1112 个高于事故发生众数的样本中，有 663 个错判，正确率 40.4%，综合正确率为 80.1%；针对冬半年 2427 个事故验证样本，在 1662 个低于或等于事故发生众数的样本中，有 11 个错判，正确率 99.3%，而在 1112 个高于事故发生众数的样本中，有 663 个错判，正确率 39.5%，综合正确率为 80.5%。

综上可见，Logistic 回归模型对低于和等于事故发生众数的样本预测正确率极高，正确率均在 99%之上，而对高于事故发生众数的样本，错判率较高，这主要是该模型未考虑车道宽度、超载量、车速、车流量、疲劳驾驶、车况等因素的影响。尽管如此，Logistic 回归模型的综合正确率均在 80%以上，可在高速管理服务应用中提供一定参考。

参考文献

戴秀梅,2014. 团雾对江苏省高速公路交通安全的影响及应对措施[J]. 交通建设与管理(8):123-125.

李江波,赵玉广,孔凡超,等,2010. 华北平原连续性大雾的特征分析[J]. 中国海洋大学学报,7(40):15-23.

李江波,杨晓亮,连志鸾,等,2020. 京津冀雾和霾预报[M]. 北京:气象出版社.

李迅,尹志聪,丁德平,等,2012. 北京地区高速公路道面结冰特征及气象条件[J]. 应用气象学报,23(5):578-584.

刘超,历华,杜永明,等,2017. Himawari-8 AHI 数据地表温度反演的实用劈窗算法[J]. 遥感学报,21(5):702-714.

刘志红,McVicar T R,Li Lingtao,等,2008. 基于 ANUSPLIN 的时间序列气象要素空间插值[J]. 西北农林科技大学(自然科学版),36(10):227-234.

钱永兰,吕厚荃,张艳红,2010. 基于 ANUSPLIN 软件的逐日气象要素插值方法应用与评估[J]. 气象与环境学报,26(2):7-15.

宋善允,彭军,连志鸾,等,2017. 河北省天气预报手册[M]. 北京:气象出版社:166-177.

王萌,郑伟,李峰,2017. Himawari-8 气象卫星黄海浒苔动态监测[J]. 应用气象学报, 28(6):714-723.

吴兑,吴晓京,朱小祥,2009. 雾和霾[M]. 北京:气象出版社:8-20.

严明良,2011. 沪宁高速公路低能见度浓雾特征及其数值模拟研究[D]. 南京:南京信息工程大学.

岳艳霞,陈静,郭志斌,2009. 区域自动站雨量资料质量控制方法及应用[J]. 气象科技,37(4):452-456.

张梅, 2014. 1961—2013 年石家庄市气温变化特征分析[J]. 内蒙古气象(5):29-32.

周贺玲,李丽平,乐章燕,等,2011. 河北省雾的气候特征及趋势研究[J]. 气象,37(4):462-467.

THORNES J E, STEPHENSON D B, 2001. How to judge the quality and value of weather forecast products[J]. Meteorological Applications, 8(3):307-314.

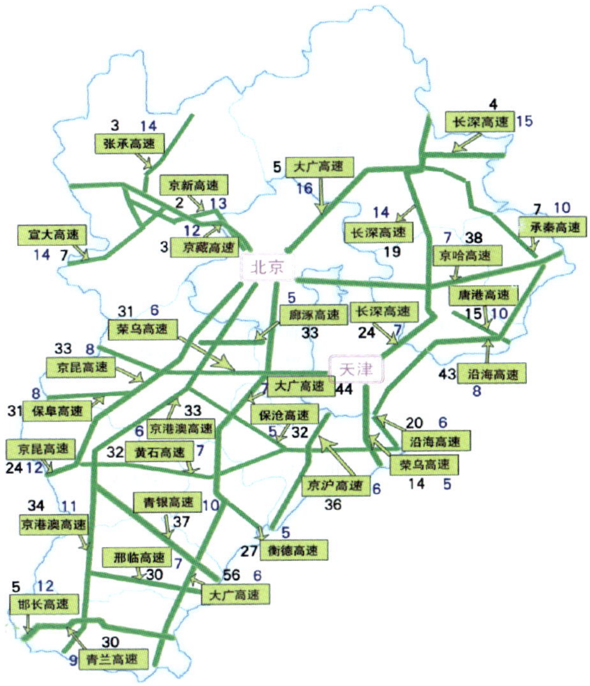

图 2.1　各高速公路因大雾和冰雪造成的年平均通行受阻日数分布(单位:d)

(黑色数字代表大雾日数,蓝色数字代表冰雪日数)

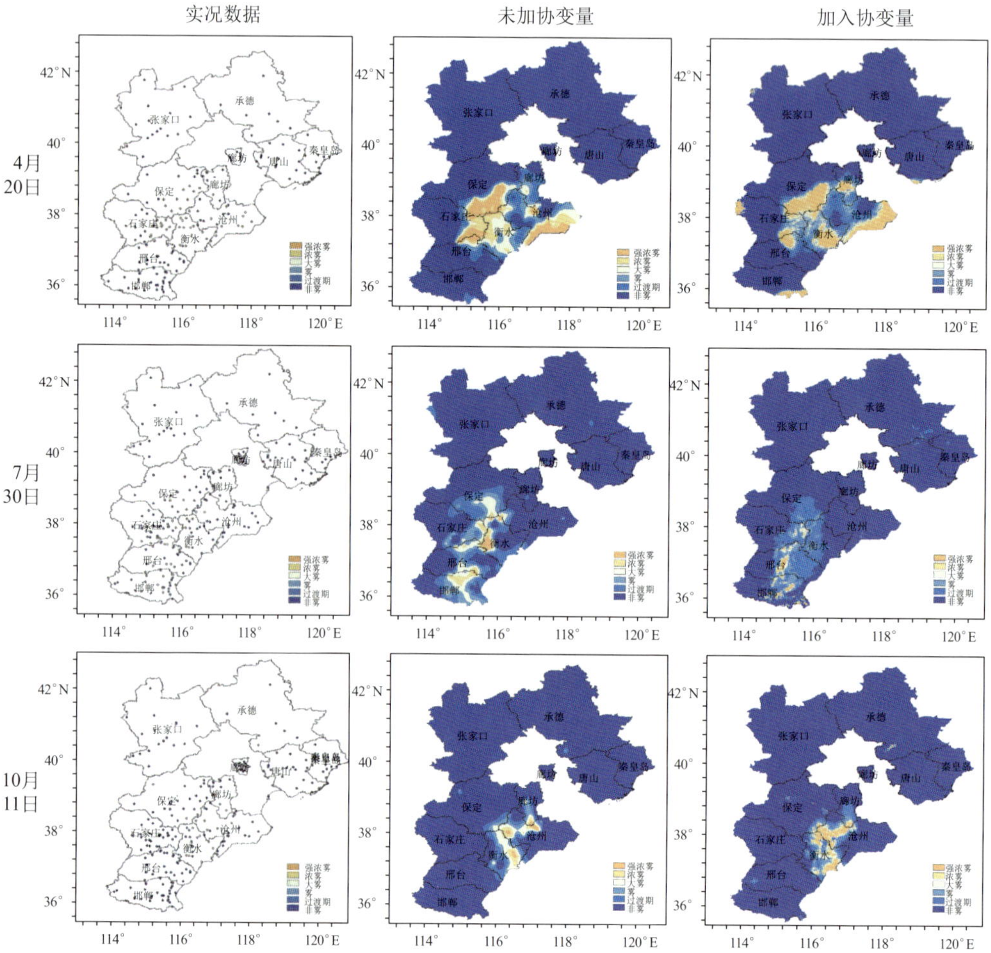

图 4.5 2017 年 4 月 20 日、7 月 30 日和 10 月 11 日实况数据、未加协变量和加入协变量的大雾分布

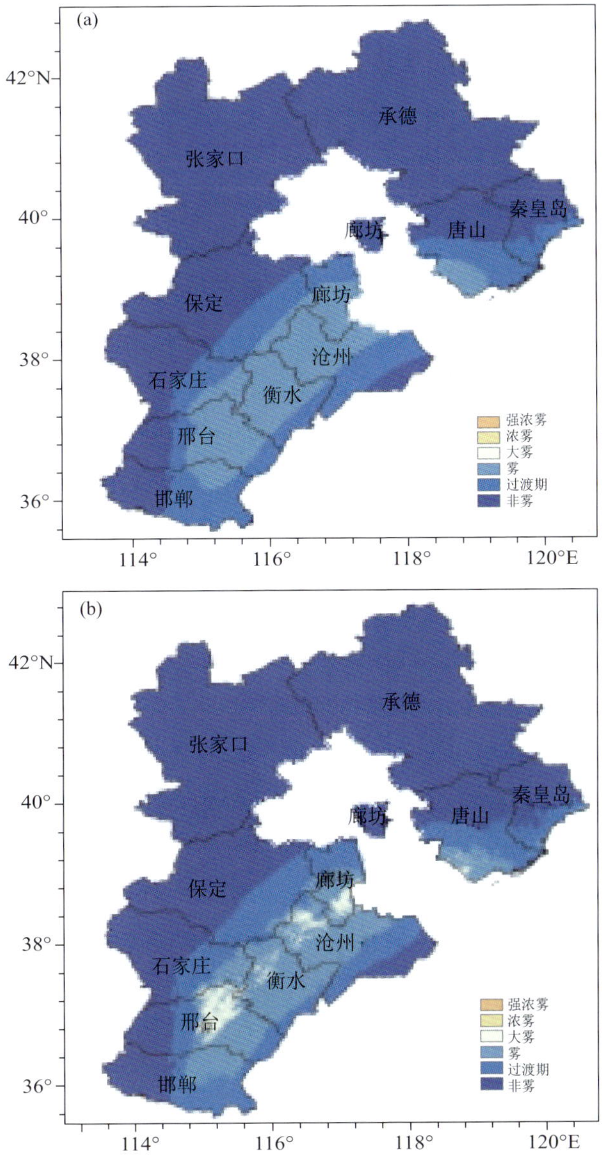

图 4.7　2019 年 1 月 12 日未加入协变量(a)和加入协变量(b)反演结果对比

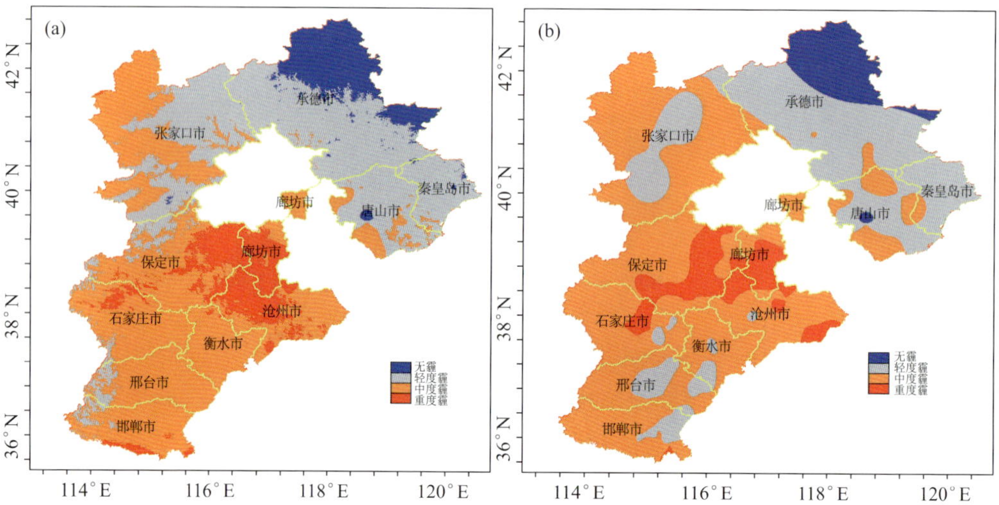

图 4.9　2018 年 3 月 16—19 日霾天气采用通道 3、5、7、14 及 DEM 数据插值(a)和只使用观测数据插值(b)反演结果

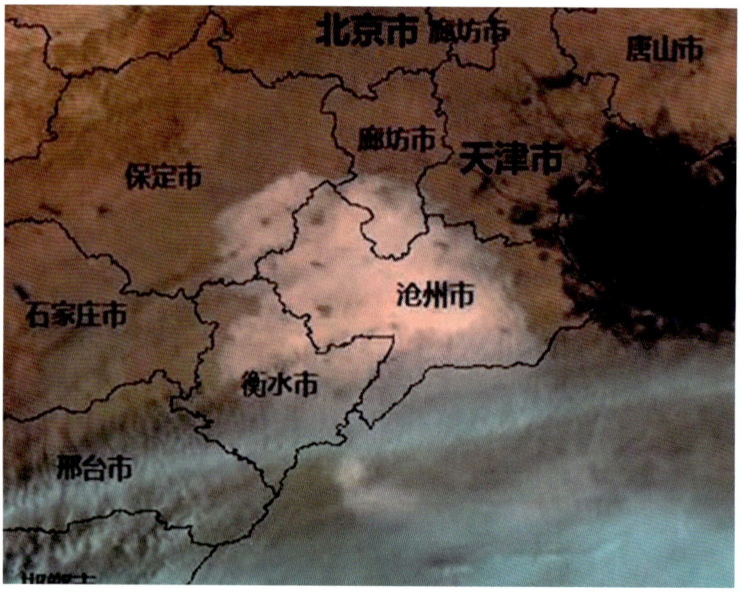

图 5.2　2021 年 2 月 26 日 09 时 30 分 H8 卫星多通道合成云图

图 5.3　2020 年 12 月 28 日 04 时 20 分 H8 卫星多通道合成云图

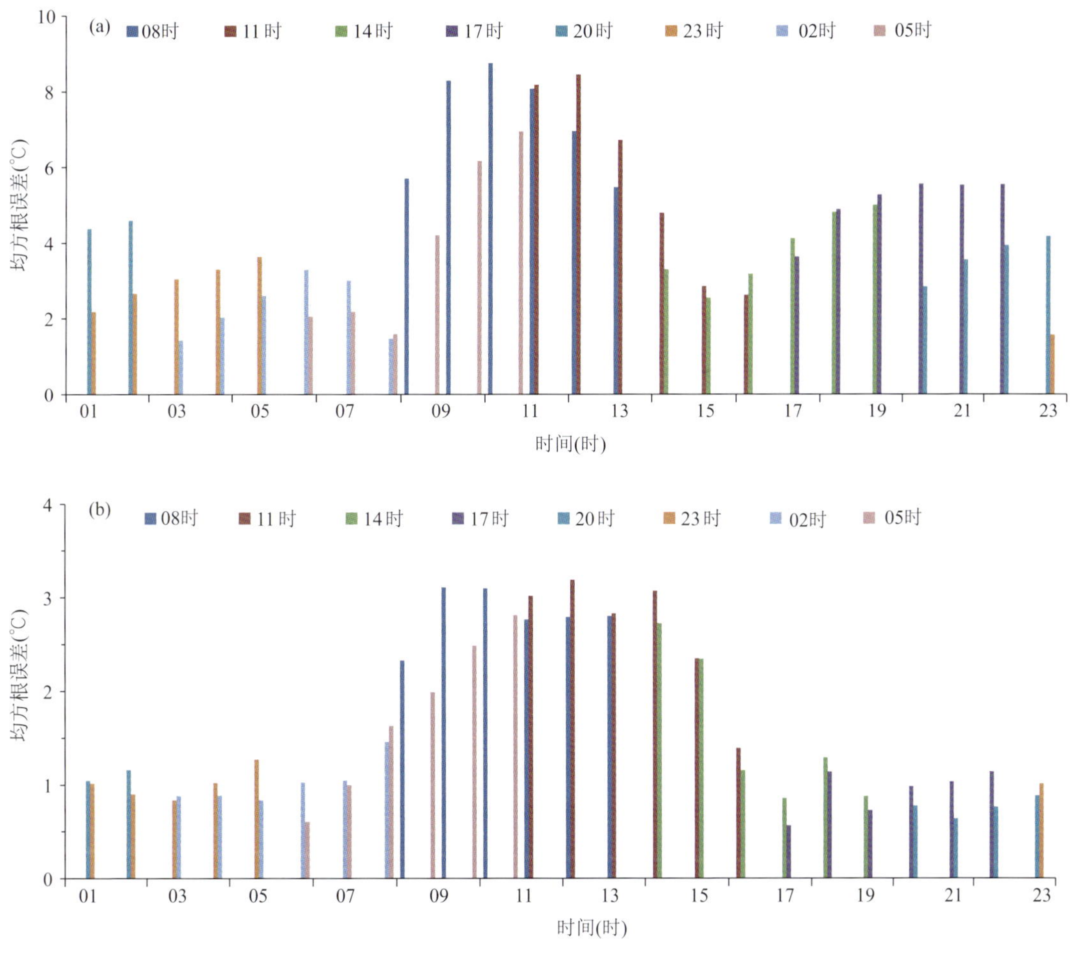

图 6.5　2017 年冬季北京回龙观站引入人为热前后不同起报时间的未来 1～6 h 路面温度均方根误差

（a. 未来 1 h；b. 未来 2 h）

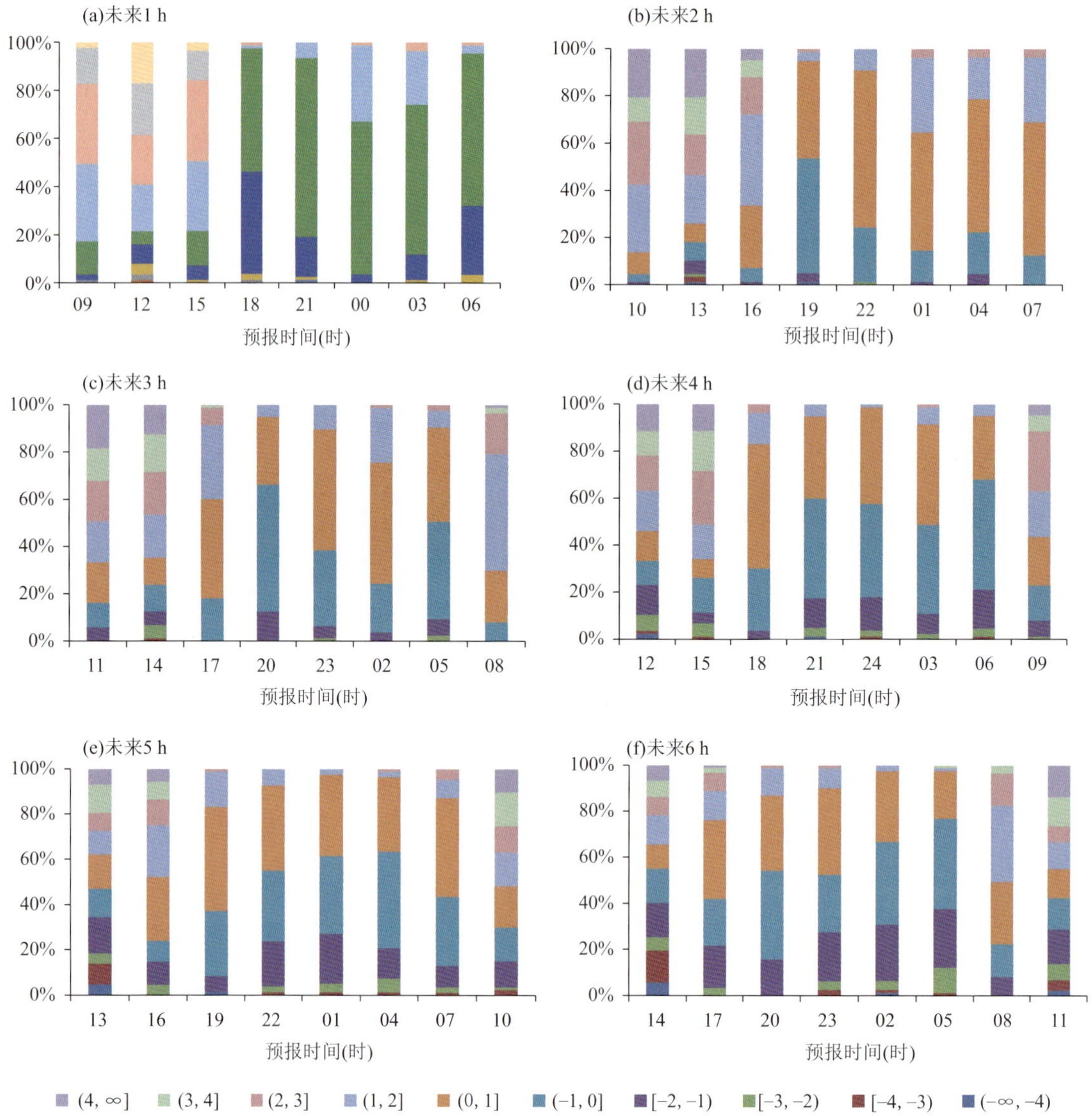

图 6.6　2017 年冬季北京回龙观站不同起报时间的未来 1～6 h 绝对误差对应样本占比分布

（横坐标从左到右分别对应 08 时、11 时、14 时、17 时、20 时、23 时、次日 02 时、05 时起报）

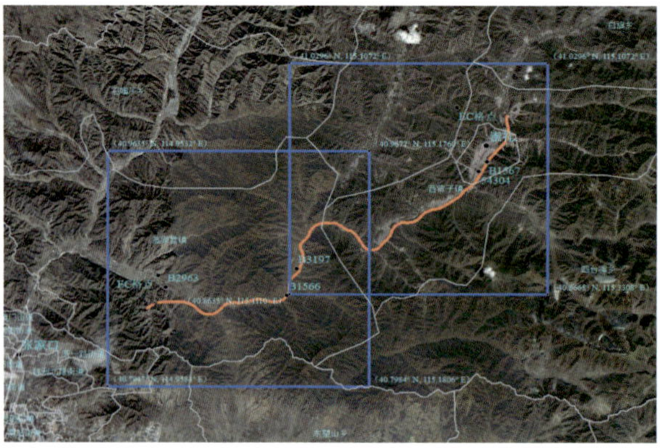

图 7.2　解域区域地形分布

（红色线条为张承高速公路，蓝框内为解域区域，地形图来自 World Imagery 遥感影像）

图 7.6　留家庄周边区域地形

图 7.7　留家庄试验气象观测站位置

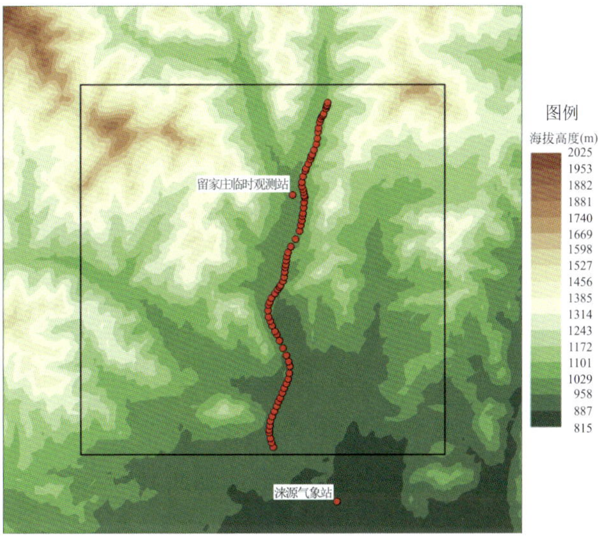

图 7.8　留家庄模拟试验区概况
（未标注的红色圆为高速公路离散点；黑色矩形框为模拟结果绘图区）

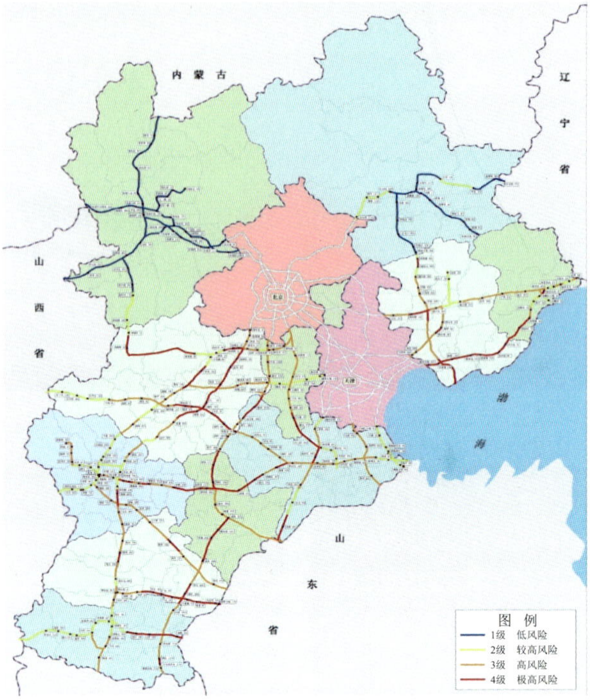

图 8.2　河北省高速公路雾灾风险区划

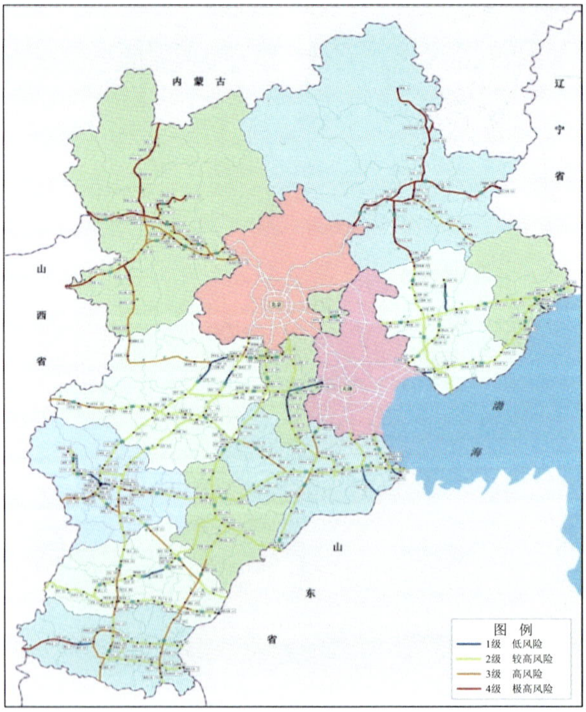

图 8.3　河北省高速公路路面结冰灾害风险区划